Wolfgang Gratz/Horst Röthel/Sissi Sattler-Zisser

Gesund führen

Wolfgang Gratz/Horst Röthel/
Sissi Sattler-Zisser

Gesund führen

Mitarbeitergespräche zur Erhaltung von Leistungsfähigkeit und Gesundheit in Unternehmen

2. Auflage

Bibliografische Information der Deutschen Nationalbibliothek
Die Deutsche Nationalbibliothek verzeichnet diese Publikation in der Deutschen Nationalbibliografie; detaillierte bibliografische Daten sind im Internet über http://dnb.d-nb.de abrufbar.

Hinweis: Aus Gründen der leichteren Lesbarkeit wird auf eine geschlechtsspezifische Differenzierung verzichtet. Entsprechende Begriffe gelten im Sinne der Gleichbehandlung für alle Geschlechter.

ISBN 978-3-7073-7093-0702-1 (Print)
ISBN 978-3-7094-1286-2 (E-Book-PDF)
ISBN 978-3-7094-7094-1287-9 (E-Book-ePub)

1210 Wien, Scheydgasse 24, Tel.: 01/24 630
www.lindeverlag.at

Umschlag: buero8 + Linde Verlag Ges.m.b.H.
Satz: Linde Verlag Ges.m.b.H., Wien 2023

Druck: Hans Jentzsch & Co GmbH
1210 Wien, Scheydgasse 31
Dieses Buch wurde in Österreich hergestellt.

Gedruckt nach der Richtlinie des Österreichischen Umweltzeichens „Druckerzeugnisse", Druckerei Hans Jentzsch & Co GmbH, UW-Nr. 790

Inhalt

Vorwort zur 2. Auflage

Teams haben in der Arbeitswelt eine zunehmende Bedeutung. Die Arbeit mit und in Teams ist ein wichtiger Bestandteil von Führungsarbeit. Dazu kommt, dass die Arbeit im Team für die Erfüllung der sozialen Bedürfnisse nach Zugehörigkeit und Identifikation einen guten Rahmen bildet und damit einen wesentlichen Beitrag zu Arbeitszufriedenheit und Gesundheit leisten kann.

Deshalb wurde die 2. Auflage um einen Abschnitt zum Thema Teamentwicklung und Teamführung ergänzt. Unser Ziel war es dabei nicht in erster Linie, der Fülle an Literatur zum Thema Teams ein weiteres Kapitel hinzuzufügen. Wir wollen vielmehr unsere langjährigen Erfahrungen in der Begleitung von Teams praxisorientiert beschreiben und weitergeben.

Wir danken allen Teams, mit denen wir im Laufe der Jahre arbeiten durften und die uns bereichert haben.

Jänner 2023

Wolfgang Gratz,
Horst Röthel,
Sissi Sattler-Zisser

Vorwort

Nach unseren Erfahrungen werden Arbeit und Gesundheit häufig als Gegensätze gesehen. Führungskräfte, die in ihrer Rolle Arbeitsleistung einfordern, gelten demnach eher als Risikofaktoren für die Gesundheit der Mitarbeiter, denn als deren Förderer.

Sowohl für Führung als auch für Gesundheit gibt es ausformulierte Theorien und darauf aufbauende Handlungsanleitungen, die aber in der Praxis wenig Anwendung und Verbreitung finden. Im betrieblichen Alltag wird Führung häufig auf Fachkompetenz verengt, Gesundheit auf Formen des Lebensstils und Reparaturmedizin reduziert.

Wir legen in diesem Buch dar, dass ein enger Zusammenhang zwischen Gesundheit und Arbeitszufriedenheit besteht. Diese wiederum ist in hohem

Ausmaß von – wie wir es nennen – Gesunder Führung abhängig. Unser Anspruch ist es,

- das im 21. Jahrhundert verfügbare Grundlagenwissen über Menschen und ihre soziale Interaktion in übersichtlicher und praxisnaher Form darzustellen,
- wissenschaftliche Befunde zu Gesundheit und Führung zu erläutern,
- die Prinzipien Gesunden Führens zu vermitteln,
- zu Selbstbeobachtung und Selbstreflexion anzuregen und
- erprobte Instrumente zur differenzierten Einschätzung von Mitarbeitern und darauf beruhenden unterschiedlichen Gesprächsformen anzubieten.

Unsere zentralen Überlegungen hierbei lauten:

Leistung und Gesundheit können so aufeinander bezogen werden, dass sie nicht im Gegensatz zueinander stehen. Richtig dosierte Leistung ist ein Gesundheitsfaktor, wenn Anforderungen und Ressourcen in Balance sind.

Führungskräfte sollen sich auf das Positive konzentrieren, also Leistungen anerkennen, Leistungsträgern Aufmerksamkeit und Wertschätzung geben und nicht die Führungsarbeit auf Problemträger fokussieren.

Das herkömmliche Mitarbeitergespräch ist vielerorts verschlissen. Ein an sich gutes und wichtiges Instrument ist vielfach diskreditiert. Wir zeigen Wege auf, sein Potenzial in Form der Gesunden Gespräche zu nutzen und es mit neuem Leben zu erfüllen.

Das Konzept der Gesunden Gespräche haben wir in Seminaren, Führungskräfteausbildungen, Lehrveranstaltungen auf verschiedenen Fachhochschulen und in Coachings über mehr als zehn Jahre schrittweise entwickelt. Dabei waren wir laufend in einem intensiven Dialog mit den teilnehmenden Führungskräften und Personalentwicklern. Das Instrument der Gesunden Gespräche ist mittlerweile in mehreren großen Organisationen etabliert.

Wir danken allen Personen, die uns mit ihrer Führungsexpertise und dem Erfahrungswissen, das sie bei der Anwendung der Gesunden Gespräche gewonnen haben, unterstützten. Dies ermöglichte eine Weiterentwicklung hin zu dem nunmehr vorliegenden Instrument.

Juli 2014

Wolfgang Gratz,
Horst Röthel,
Sissi Sattler-Zisser

Kapitel 1:

Gesundes Führen erfordert Kenntnis von Menschen, Arbeitsbeziehungen und Aufgaben

1.1. Einführung

1.1.1. Die Gemeinsamkeiten zwischen Führung und Übergewicht

Was haben Führung und Körpergewicht gemeinsam? Die Antwort ist relativ einfach: Beide sind Thema wissenschaftlicher Studien, populärer Veröffentlichungen, einer gewissen Aufmerksamkeit in den Massenmedien und Gegenstand einer Fülle von Veranstaltungen, die Wege zu zielführenderem Verhalten verheißen. Gleichzeitig steigt die Zahl der Übergewichtigen in der Gesamtbevölkerung und ergeben Umfragen, dass sich nach wie vor ein erheblicher Teil der Mitarbeiter schlecht geführt fühlt. Der Hauptkritikpunkt „Mein

Chef hört mir nicht zu" besteht unverändert. Um lediglich ein aktuelles Beispiel zu bringen:

Die Hamburger Wochenzeitung „Die Zeit" machte im April 2014 mit der Schlagzeile auf: „Meine Firma liebt mich nicht." In dem Artikel heißt es unter anderem: Mitarbeiter vermissen vor allem eines – Wertschätzung. Es wird eine Gallup-Umfrage zitiert, der zufolge zwei Drittel der Mitarbeiter Dienst nach Vorschrift machen, 17 % innerlich gekündigt haben und lediglich 16 % eine hohe emotionale Bindung an ihren Arbeitgeber haben.

Arbeitnehmer geben an, nicht zu wissen, was von ihnen erwartet wird, sowie dass sich ihre Vorgesetzten nicht für sie als Menschen interessieren. Ihre Meinungen hätten kaum Gewicht und kreative Veränderungen oder der Versuch von Veränderungen würden selten belohnt.

Nichtsdestoweniger sind Führungskräfte-Trainings eine Cashcow in der Weiterbildungsbranche, die Literatur zum Thema Führung ist kaum zu überblicken. An Rezepten herrscht kein Mangel. Führungskräften wird empfohlen, sich nach der Regel des St. Benedikt oder auch an Machiavelli zu orientieren, von Delfinen oder chinesischen Kriegsherren zu lernen, aber auch ihre Führungsaufgaben schlichtweg in jeweils einer Minute zu managen. Helden des Kapitalismus oder der Politik verkaufen ihre persönlichen Erfolgsrezepte um gutes Geld. Punkte-Programme in beliebiger Länge und Checklisten gibt es in Überfülle, zunehmend auch aus dem Internet herunterzuladen. Trotzdem oder auch gerade deshalb bieten die Niederungen der Führungsarbeit ein tristes Bild.

Versucht man sich mit den Ursachen auseinanderzusetzen, ergibt sich eine gewisse Parallelität zu der Hochkonjunktur an Diäten, Gesundheitsratgebern und sonstigen Empfehlungen und Aufforderungen, medizinischen Normen zu entsprechen.

Häufig wird jedoch ausgeblendet, dass es im Hintergrund um existenzielle, um Sinnfragen geht, also um das Grundverständnis vom eigenen Platz in der Welt. Oberflächliche Rezepte vermögen, solange die innere Grundmelodie unverändert ist, im Regelfall nur kurzfristige Verhaltensänderungen, denen zumeist relativ rasch heftige Rückfälle folgen, oder auch bloß ein schlechtes Gewissen zu erzeugen. Dauerhafte Grundhaltungen, die zur Freude an der Führungsarbeit oder auch am Essen bei gleichzeitigen erwünschten Ergebnissen führen, entstehen so nicht.

In Abgrenzung von an der Oberfläche bleibenden Rezepten sei daher im Folgenden ein Überblick gegeben, was Menschen im Allgemeinen und an Arbeitsplätzen im Besonderen bewegt.

Auch wenn es viele Führungskräfte bedauern mögen: Menschen funktionieren anders als Computer oder Autos. Um diese Maschinen zu verwenden, muss man nicht ihren inneren Bauplan kennen. Es genügt, der Bedienungsanleitung oder einem Programm zu folgen. Bei Störungen, die erfreulicherweise eher selten auftreten, wendet man sich an eine Werkstatt.

Menschen sind hingegen eigensinnig und eigenwillig. Sie haben zum Unterschied von Maschinen unterschiedliche Launen, sind das eine Mal mit rationalen Argumenten erreichbar, in einer anderen Situation aber nicht. Sie verhalten sich teilweise so, wie man es gerne hätte, teilweise aber auch ganz anders. Jeder psychisch einigermaßen gesunde Mensch legt Wert darauf, sich von anderen zu unterscheiden und sein Verhalten zwar an äußeren Gegebenheiten, somit auch an anderen Menschen auszurichten, letzten Endes aber selbst zu bestimmen. Gleichzeitig besteht aber nur allzu leicht Enttäuschung, wenn andere Menschen sich genauso, also mit einer gewissen Eigenständigkeit ausgestattet, verhalten. Führungsarbeit bewegt sich genau in diesem Dilemma.

Einerseits ist die Persönlichkeit einer Führungskraft ihr wichtigstes Werkzeug. Sein Werkzeug sollte man mit Aufmerksamkeit und bewusst einsetzen. Dies erfordert im Falle des Betriebsmittels Persönlichkeit ein gewisses Maß an Selbstbeobachtung und Selbstreflexion: Wie reagiere ich auf meine Umgebung? Wie reagiert meine Umgebung auf mich? Welche Dynamik entsteht hieraus?

Andererseits kann eine Führungskraft nur dann wirksam werden, wenn sie andere Menschen erreicht, was voraussetzt, dass sie in der Lage ist, deren Individualität zu erfassen. Eine solche auf sich selbst oder auf andere bezogene Analyseleistung sollte nicht bloß intuitiv erfolgen, sondern den gegenwärtigen humanwissenschaftlichen Wissensstand als Hintergrundfolie benützen.

1.1.2. Führung als Profession

Führung ist eine Profession wie andere Professionen auch. In jedem Fall bedeutet Professionalität, dass es Theorien, Methoden und Instrumente gibt, die erlernbar sind. Wie bei anderen professionellen Tätigkeiten auch, gibt es jeweils dafür talentiertere, aber auch weniger begabte Menschen. Man kann sagen, dass die gelebte Professionalität abhängig ist von den Potenzialen eines Menschen und der Entwicklung seines Lernens. Unter Lernen sei hier ein Prozess verstanden, der zu relativ stabilen Veränderungen im Verhalten oder in Verhaltensmöglichkeiten führt und auf Erfahrung aufbaut.

Um Professionalität, in unserem Fall professionelles Führen, zu erlernen, genügt es nicht, über bestimmte Methoden zu verfügen. Wesentliche Faktoren für Professionalität sind die den Techniken und Instrumenten zugrunde liegenden Theorien und mentalen Modelle. Für professionelle Führung ist auch eine persönliche Auseinandersetzung mit den eigenen Mustern im Umgang mit anderen Menschen, mit Aufgaben sowie Entscheidungen angezeigt. Dies lässt sich anhand des folgenden Modells darstellen:

Abb. 1: Professionalität

Theorie bedeutet hier nicht nur wissenschaftlich abgesicherte Denkgebäude, sondern auch allgemeine als gegeben angenommene Denkmodelle in bestimmten Professionen, die das Verhalten steuern, wie z.B. „Menschliches Verhalten lässt sich vor allem durch Normen und Sanktionen steuern" oder „Menschen verhalten sich rational und auf ihren Vorteil bedacht" oder „Will man jemanden erreichen und bewegen, bedarf es einer guten Beziehung". Solche Alltagstheorien haben eine ausgeprägte Tendenz, sich selbst zu bestätigen. Vorgesetzte, die ein positives Menschenbild haben, setzen auf Handlungsspielräume und ein hohes Ausmaß von Selbstkontrolle bei ihren Mitarbeitern. Sie fördern somit Engagement für die Arbeit und Identifikation mit der Aufgabe, auch wenn sie fallweise enttäuscht werden. Sie begünstigen somit Initiative und Verantwortungsbereitschaft. Die Mitarbeiter erbringen dann insgesamt hohe Arbeitsleistungen und bestätigen somit das Menschenbild ihrer Vorgesetzten. Dies wird unter 4.3.1. näher ausgeführt.

Methoden sind allgemein gebräuchliche Vorgangsweisen oder Formen der Gestaltung von Arbeitsprozessen in dem jeweiligen beruflichen Kontext. Sie sind Wege zum Erreichen konkreter Ziele, z.B. des Abschlusses tragfähiger und nachhaltiger Vereinbarungen mit Mitarbeitern.

Persönlichkeit ist die Gesamtheit der Eigenschaften, die einen Menschen unverwechselbar machen und ihm eine charakteristische, eigenständige Identität geben.

Das Zusammenspiel von Theorien und Methoden ergibt eine spezifische Fachlichkeit. Beispielsweise begründen das Wissen über typische Reaktionen von Menschen auf Verlust und das Vermögen, spezifische Gesprächstechniken im Umgang mit hierauf emotional stark reagierenden Menschen anzuwenden, eine entsprechende Kompetenz in Bezug auf die Gestaltung von Veränderungsprozessen.

Die einem Menschen zur Verfügung stehenden Arbeitsmethoden und seine Persönlichkeit ergeben einen konkreten Arbeitsstil. So wird ein von seinem Naturell her extrovertierter, zupackender Vorgesetzter ein standardisiertes Mitarbeitergespräch anders führen als ein eher introvertierter, vorsichtiger Kollege.

Das Zusammenspiel zwischen Theorie und Persönlichkeit formt eine bestimmte Grundhaltung. Dies zeigt sich schon einmal darin, welche von mehreren zur Auswahl stehenden Theorien man als richtig akzeptiert. Im Allgemeinen positionieren Menschen sich zu Theoriegebäuden entsprechend ihrem Glaubenssystem. So lehnen zwei Drittel der republikanischen Wähler in den USA die Evolutionstheorie ab und halten die biblische Schöpfungsgeschichte für wahr (siehe hierzu auch das Sichtweisenmodell unter 3.2.).

Im Bereich der Führungstheorien steht dem Interessierten eine beachtliche Auswahl zur Verfügung. Was zu einem passt, nimmt man gerne an. Irritierende Informationen werden tendenziell ausgeblendet. Was man glaubt, vermeint man hingegen zu wissen. Im Konflikt zwischen rational für richtig gehaltenen Führungstheorien und persönlichen Charakterzügen haben wohl Letztere auf die Grundhaltung einen stärkeren Einfluss.

1.1.3. Führung erfordert Verständnis dafür, was Menschen bewegt

Entsprechend dem vorgestellten Modell von persönlicher Professionalität gibt es mehrere Gründe, sich damit auseinanderzusetzen, was den Menschen ausmacht, was Menschen bewegt, wie sich Menschen aufeinander beziehen und wie sie erreicht werden können.

Sowohl die Grundhaltung, die Menschen zu ihrer Arbeit einnehmen, als auch ihr konkreter Arbeitsstil sind von ihrer Persönlichkeit abhängig. Wenn man Menschen Anstöße zur Verbesserung ihrer beruflichen Leistungsfähigkeit sowie zu ihrer Arbeitszufriedenheit geben will, muss man sich mit ihrer Persönlichkeit auseinandersetzen. Wie man dies tut, ist eine Frage des höchstpersönlichen Führungsverständnisses sowie des eigenen Führungsstils.

Eine besondere Bedeutung bei der Umsetzung von Managementmodellen kommt der konkreten Führungsarbeit in den Bereichen der unmittelbaren Leistungserbringung („point of sale") zu. Auch hier gibt es aktuell eine gewisse Tendenz, zu viel Wert auf Instrumente, Techniken und Methoden zu legen und eine kritisch-selbstreflexive Auseinandersetzung mit Grundhaltungen eher zu vernachlässigen. Vordenken erfordert jedoch Nachdenklichkeit, auch darüber, wie Menschen fühlen, denken, handeln und interagieren.

Eine gängige Definition von Führung lautet: „durch Interaktion vermittelte Ausrichtung des Handelns von Individuen und Gruppen auf die Verwirklichung vorgegebener Ziele".[1] Wer führt, sollte daher über Menschen und ihre Vergesellschaftung Bescheid wissen.

Der Erwerb solchen Wissens sollte gegenwärtig besonders attraktiv erscheinen. Von der Beobachtung von Kleinkindern und klinischer, insbesondere auch psychotherapeutischer Forschung über sozialpsychologische Experimente bis hin zu naturwissenschaftlichen Forschungsergebnissen der Neurowissenschaften lässt sich ein Bogen spannen, der bei weiterhin vorhandenen Unterschieden und Kontroversen ein insgesamt einigermaßen geschlossenes Bild des Menschen und seiner Vergesellschaftung, seines Verhaltens in Gemeinschaft ergibt. So ist es als gesichert anzusehen, dass die Erfahrungen der ersten Lebensjahre von sehr hoher Bedeutung für die psychische Dynamik von erwachsenen Menschen sind. Auch haben unbewusste Vorgänge für das Befinden und das Handeln von Menschen und deren Umgang mit anderen Menschen eine große Bedeutung.

Es erscheint nachgerade verblüffend, dass in vielen Bereichen der (angewandten) Management- und Führungswissenschaften dieser als gesichert anzusehende humanwissenschaftliche Wissensstand ausgeklammert bzw. verdrängt wird. Das kann auch als Hinweis für eine Gemeinsamkeit systemischer, psychoanalytischer und neurobiologischer Wissensbestände gesehen werden: Man nimmt (für) wahr, was man (für) wahrnehmen will, und nimmt nicht (für) wahr, was man nicht (für) wahrnehmen will. Dies ist einerseits funktional: Persönlichkeitsstruktur, Professionalisierung und auf beiden Faktoren ruhende mentale Modelle filtern das Chaos der permanent einströmenden Umweltreize und geben Orientierung und Sicherheit. Es macht Sinn, wenn Polizisten eher misstrauisch sind und sicher auftreten, Psychotherapeuten hingegen stark auf das Herstellen wechselseitigen Vertrauens achten und Zweifel äußern. Wir müssen im Alltag von Selbstverständlichkeiten in unserem Weltbild und unserem Handeln ausgehen. Wenn wir ständig hinterfragten, was uns und die Welt im Innersten zusammenhält, könnten wir unseren Aufgaben nicht gerecht werden und würden uns überfordern. Die Bedeutung unserer mentalen Modelle legt es jedoch nahe, dass wir sie in zumindest größeren Abständen und aus konkreten Anlässen (z.B. des Scheiterns) auf ihre

1 Wirtschaftslexikon.gabler.de.

Tauglichkeit überprüfen. Wir haben eine hohe Neigung, bei Problemen unsere Anstrengungen innerhalb unserer mentalen Modelle zu vergrößern. Der Grundsatz des immer mehr Desselben führt jedoch zu einer Logik des Misslingens, wenn die alten Verhaltensmuster an ihre Grenzen gestoßen sind.

Im Folgenden sei eine Auswahl an Informationen zusammengestellt, die keinerlei Anspruch auf Vollständigkeit erhebt, sehr wohl aber die persönliche Auseinandersetzung mit den eigenen Verhaltensmustern auch in der Führungsarbeit anregen soll.

Es ist vorteilhaft, die persönlichen Glaubenssysteme in gewissen Abständen auf ihre Aktualität, Realitätsnähe sowie ihre Potenziale zur Bewältigung der aktuellen und absehbaren Herausforderungen zu überprüfen. Dies mag mühsam, manchmal sogar schmerzlich sein. Es verbessert jedoch die Chancen, wirksame Führungsarbeit zu leisten und somit berufliche sowie persönliche Zufriedenheit zu erreichen.

Allgemein formuliert bewegen sich Menschen in einem relativ engen Möglichkeitsraum, der durch ihre Anlagen und ihre früh(er)en Erfahrungen abgesteckt ist. Die Chancen, die begrenzten eigenen Wahl- und Entwicklungsmöglichkeiten zu nutzen, hängen davon ab, wie sehr man sich auf eine Erkundung des Möglichkeitsraums, seiner Grenzen und der Optionen zu seiner Erweiterung einlässt. Wir werden nicht in einen Käfig hineingeboren, sondern in ein enges Tal. Es liegt an uns, inwieweit wir es erkunden, ob wir unsere Fähigkeit, uns auf schwierigem Terrain zu bewegen, üben und ausbauen, ob und wie wir uns von anderen Informationen und Unterstützung holen. Je mehr wir all dies tun, desto leichter können wir unseren Aktionsradius ausschöpfen und Stück für Stück erweitern. Bei alldem ist es uns aber nicht möglich, das Tal gänzlich zu verlassen, in ein anderes zu wechseln. Es steht uns nicht frei, jemand ganz anderer zu werden.

Ein weiterer zentraler Faktor für ein erfülltes Leben ist es also – und hiermit treten wir aus dem Vergleich des Tales heraus –, sich eine Umwelt, eine Umgebung zu suchen, die zu einem selbst passt, in der man seine Stärken ausspielen kann, in denen die eigenen Schwächen keine wesentliche Rolle spielen, in der man sich gut entfalten und somit wohlfühlen kann. Dies gilt selbstverständlich auch für die Frage, ob und welche Führungsaufgaben man anstrebt und wahrnimmt. Dieser Abschnitt versteht sich auch als Anregung zur kritischen Auseinandersetzung mit den eigenen mentalen Modellen. Man sollte die folgenden Ausführungen nicht unhinterfragt für wahr halten, sie aber auch nicht ohne kritische Auseinandersetzung als falsch einschätzen.

1.2. Was Menschen bewegt

1.2.1. Der Mensch ist kein rationales, sondern ein rationalisierendes Wesen

Die Psychoanalyse als Wissenschaft war seit ihrer Entstehung heftig umstritten und besteht heute aus verschiedenen Positionen bzw. Schulen, die teilweise zueinander im Gegensatz stehen. Gleichwohl hat sie in die Human- und Sozialwissenschaften in verschiedener Form Eingang gefunden und ist Teil unseres Alltagsverständnisses geworden (Stichwort „Freud'scher Versprecher“). Die neuesten Ergebnisse der Neurowissenschaften liefern Hinweise für die Bestätigung grundlegender Annahmen von Freud, wie das Bestehen unbewusster psychischer Prozesse. Die Neurowissenschaften haben in den letzten Jahren auch deshalb besondere Bedeutung erlangt, weil es mithilfe bildgebender Verfahren möglich wurde, dem Gehirn „beim Arbeiten zuzuschauen“, da Regionen, die besonders aktiv sind, einen höheren Stoffwechselumsatz haben. So konnte man beispielsweise feststellen, dass das Angstzentrum bei Menschen, die eine Angststörung haben, nach erfolgreicher Behandlung weniger „feuert“, also weniger aktiv ist. Hier waren übrigens bei Einsatz von Psychotherapie ähnliche Effekte wie bei Behandlung mit Psychopharmaka feststellbar (Rüegg 2006). Kommunikation kann in unserem Gehirn also biologische Veränderungen hervorrufen.

Nach Gerhard Roth (2007 a) finden folgende Grundaussagen Freuds eine neurobiologische Bestätigung:

- Das Unbewusste kontrolliert das Bewusstsein stärker als umgekehrt. Unsere Gefühle steuern unser Denken stärker als umgekehrt.
- Intelligenz ist nur ein Instrument, das Vorschläge für bestimmte zweckorientierte Entscheidungen macht. Die bewussten oder unbewussten Emotionen haben entscheidende Bedeutung.

- Das Unbewusste entsteht vor dem Bewusstsein in den ersten Lebensjahren. Im Unbewussten sind sehr früh die Grundstrukturen des psychischen bewussten Erlebens festgelegt.
- Unbewusste Konflikte äußern sich in „verkleideter" Weise auf der Ebene der Bewusstseinszustände in Form von Träumen, Fehlleistungen und psychischen Störungen. So kann es geschehen, dass man in einem Gespräch etwas mitteilt, das man eigentlich verschweigen wollte, oder dass man eine starke emotionale Regung zeigt, auch wenn man eigentlich „cool" bleiben und ein Gespräch auf sachliche Fragen beschränken wollte.

Der Mensch ist kein rationales, sondern ein rationalisierendes Wesen. Wir sind in hohem Ausmaß damit beschäftigt, vor uns selbst und vor anderen rationale Erklärungen für das Verhalten zu liefern, zu dem uns unser Unbewusstes treibt.

Weitere zentrale Elemente des psychoanalytischen Gebäudes sind:

- Wir sind nur teilweise Herr unseres Innenlebens, da wir wesentlich von unbewussten Trieben, Bedürfnissen, Ängsten, Ansprüchen und Geboten geleitet werden.
- Wir verfügen jedoch über – allerdings begrenzte – Möglichkeiten, uns bewusst und nach rationalen Überlegungen zu entscheiden.

Diese Möglichkeiten sind nicht nur von unserer persönlichen Konstitution und unserer psychischen Entwicklung in der Kindheit, sondern auch von späteren Entwicklungsimpulsen abhängig. Jeder Mensch hat in sich konstruktive, schöpferische und aggressive, zerstörende Anteile. Die größten Unterschiede zwischen Menschen entstehen nicht dadurch, dass einige spezifische Charaktereigenschaften haben, die andere überhaupt nicht aufweisen, sondern durch eine unterschiedliche Mischung von Persönlichkeitskomponenten.

Je nach psychischer Konstitution und persönlicher Entwicklungsgeschichte sind wir in einem Kontinuum zwischen gesund/normal und krank/gestört positioniert. Entweder/oder-Unterscheidungen in „normal" und „nicht normal" sind daher nicht zielführend.

Wir haben die Möglichkeit, aggressive Impulse umzuwandeln in sinnvolle Aktivitäten (unter anderem Sport) oder auch in wertvolle gesellschaftliche

Beiträge, unter anderem durch unsere Berufswahl, wie zum Beispiel ein für seine Klienten in angemessener Form kämpfender Rechtsanwalt.

Sowohl Selbstbestimmung als auch funktionierende soziale Kontakte sind menschliche Grundbedürfnisse. Wir haben ein gewisses Bedürfnis nach Selbstständigkeit und Unabhängigkeit einerseits und nach Nähe zu anderen Menschen und Zuneigung, durchaus auch Liebe, andererseits. Es besteht jedoch ein grundsätzlicher Konflikt zwischen einerseits Autonomie sowie Unabhängigkeit und andererseits Bindung an andere; zwischen der Angst vor der Einsamkeit und der Angst vor dem Ausgeliefertsein. Unsere Zufriedenheit im Leben hängt wesentlich davon ab, wie wir diesen Balanceakt schaffen, nicht nur im Privatleben, sondern auch am Arbeitsplatz

Überhaupt stellt Ambivalenz in unserem Innenleben nicht die Ausnahme, sondern die Regel dar. Uns können gleichzeitig unterschiedliche Gefühle bewegen. Gefühle stehen im Widerstreit mit rationalen Überlegungen, kurzfristige mit langfristigen Kalkülen, eigene Interessen im Spannungsfeld zu ethischen Überlegungen. Zudem nehmen wir die Umgebung auch in für uns wichtigen Aspekten häufig als nicht eindeutig, sondern als unklare und widersprüchliche Signale aussendend wahr. Von Führungskräften wird erwartet, auch unter solchen Bedingungen klare Positionen zu haben, eindeutige Entscheidungen zu treffen und überzeugend zu kommunizieren. Diesen Erwartungen kann und sollte man sich nicht grundsätzlich entziehen. Man sollte es sich jedoch gönnen, sich zumindest fallweise den Schwingungen der eigenen Ambivalenzen hinzugeben, ihnen nachzufühlen und daraus ein vertieftes Verständnis von sich selbst und dem, was sich um einen herum abspielt, zu entwickeln. Zudem sollte man in stimmiger Form andere einladen, ihre Ambivalenzen auszudrücken, um die eigene Informationsbasis zu verbessern, aber auch, um das gegenseitige Verständnis zu verbessern.

Wir neigen dazu, eigene Probleme in andere hineinzuverlagern (Projektion), also z.B., in ihnen das zu bekämpfen, was wir im Innersten, also auch weitgehend unbewusst, an uns selbst ablehnen. So kann ein hohes Bedürfnis danach, dass Mitarbeiter eine genaue Ordnung einhalten, auch damit zu tun haben, dass in einem selbst tief drinnen die Angst vor dem Chaos steckt. Andererseits haben wir eine gewisse Bereitschaft, uns durch andere bevorzugt an unseren sensiblen Stellen in Schwingung versetzen zu lassen und deren emotionale Probleme zu übernehmen (Introjektion). So kann es nur allzu leicht vorkommen, dass man sich durch eine depressive Stimmung, in der sich jemand anderer befindet, „hinunterziehen" lässt oder aber auch, dass man es geschehen lässt, dass einem ein aggressiver Kollege „seine Stimmung umhängt".

Die dargestellte Dynamik steuert nicht nur unsere private Sphäre, sondern auch unsere beruflichen Handlungen trotz aller geforderten Sachorientierung.

Auch wenn wir mehr oder weniger reife Persönlichkeiten darstellen, ist es möglich, dass wir situativ bedingt, vor allem wenn wir unter Druck geraten, in unserer psychischen Entwicklung jäh zurückfallen. Man spricht dann von Regression, also dem Rückfall auf ein „primitives" Niveau. Dies bedeutet, dass unsere Realitätskontrolle massiv verringert wird, wir stark von Emotionen bestimmt werden, vor allem auch von negativen Gefühlen wie Angst, Argwohn, Wut oder Zorn gesteuert werden, andererseits aber auch von Sehnsüchten beherrscht werden, wie etwa danach, mit anderen zu einer Gruppe zu verschmelzen, von einem starken Führer geführt zu werden, unangreifbar bzw. siegreich zu sein. Es gibt verschiedene Angebote und Möglichkeiten, zeitweise aus reifen Verhaltensweisen auszusteigen und sich in einem zumindest relativ geschützten Rahmen regressiven Neigungen hinzugeben. Hier spannt sich vom Perchtenlauf (einer alpenländischen Tradition) oder Faschingsritualen ein Bogen zu Fußballstadien oder Fernsehsendungen wie dem Musikantenstadl. Möglicherweise hatte der Wiener Bürgermeister Häupl auch solche Effekte im Hinterkopf, als er von Wahlkämpfen als „Zeiten fokussierter Unintelligenz" sprach. Dies weist auch darauf hin, dass bei der Bewältigung von Aufgaben regressive Tendenzen ein hohes Gefährdungspotenzial haben. Ein solches entfaltet sich einerseits in dramatischen Situationen, bei außergewöhnlichen Belastungen, andererseits in wenig oder nicht strukturierten Gruppensituationen oder auch in überfordernden Arbeitsverhältnissen.

1.2.2. Was auf Führungskräfte übertragen wird

Die Abhängigkeit von der Organisation, für die jemand arbeitet, stellt potenziell eine Wiederholung der Situation der frühen Kindheit dar, gleich ob man der einzige Mitarbeiter ist oder zehntausende Kollegen hat. Die Schlagzeile in „Die Zeit" „Meine Firma liebt mich nicht" weist darauf hin. Bei rationaler Betrachtung ist einem völlig klar, dass Firmen natur- und wirtschaftsgemäß nicht der Liebe fähig sind und auch die Erwartung, dass einem ein Vorgesetzter als Repräsentant der Firma Liebe entgegenbringt, keine sonderlich realistische ist. Es wäre doch bereits ein schöner Zustand, wenn der Chef zumindest Wertschätzung und eine gewisse Anteilnahme an der Situation seiner Mitarbeiter zeigen würde.

Der Deal an Arbeitsplätzen lautet aber nicht bloß: Leistung gegen Geld. Es wird, auch wenn dies so nirgends geschrieben steht, ein gewisses Schmerzensgeld dafür gezahlt, dass man beim Betreten der Firma einen Teil seiner persönlichen Freiheit und Autonomie abgibt. Man ist davon abhängig, welche Informationen man wie erhält, welche Arbeitsmittel man zur Verfügung gestellt bekommt. Man bekommt Arbeitspensum, Qualitätserwartungen und verschiedene andere Normierungen vorgegeben und kann sich die Menschen, mit denen man zusammenarbeitet, wie auch die Leistungsempfänger oder Kunden nicht aussuchen. Warum das alles so ist, kann man nur in einem beschränkten Ausmaß nachvollziehen. Je transparenter Organisationen sind, je mehr sie Formen der Selbstbestimmung innerhalb definierter Rahmenbedingungen zulassen und gelingende Kommunikation und Kooperation fördern, desto wahrscheinlicher wird reife Leistungserbringung. Je mehr Organisationen ihre Mitarbeiter unmündig halten, bevormunden, vereinzeln oder unkooperative Verhaltensformen fördern, desto wahrscheinlicher ist es, dass Menschen nicht ihre Potenziale ausschöpfen, sondern in eine frühere psychische Entwicklungsstufe zurückfallen.

Eine Führungskraft ist innerhalb des jeweiligen organisatorischen Rahmens psychologischen Zugzwängen ausgesetzt, die man als Übertragungen bezeichnen kann. Es sind zwei Arten von Übertragung zu unterscheiden, die institutionelle und die individuelle Übertragung.

Zunächst sei auf die institutionelle Übertragung eingegangen. Zwar können auch Organisationen (das kann nicht nur ein Fußballverein, sondern auch die eigene Firma sein) emotional besetzt sein. In erster Linie werden jedoch dem konkreten Menschen, der einem als Vorgesetzter und somit als Repräsentant der Organisation gegenübertritt, Gefühle entgegengebracht.

Der Chef bekommt sein Geld nicht zuletzt dafür, dass er die Interessen, Anforderungen und Zumutungen des Unternehmens gegenüber seinen Mitarbeitern vertritt und durchsetzt. Ein Vorgesetzter hat zwar die Möglichkeit, sich gegenüber seinen Mitarbeitern von der Organisation zu distanzieren. Dies bringt ihm jedoch tendenziell nicht nur Probleme mit seinen eigenen Vorgesetzten ein, sondern auch mit seinen Mitarbeitern, die ihn nur allzu leicht als unehrlich, doppelbödig oder auch als zu schwach erleben, die von ihm anerkannten Interessen der Mitarbeiter nach oben durchzusetzen.

Mitarbeiter zeigen häufig eine gewisse Ambivalenz gegenüber der Organisation. Diese verlangt von ihnen nicht nur Leistungen, sondern beraubt, was häufig schwerer wiegt, sie auch eines Teils ihrer persönlichen Freiheit. Der Vorgesetzte erfährt somit von seinen Mitarbeitern zumindest gelegentlich Verhaltensweisen und Reaktionen, die nicht ihm höchstpersönlich gelten, sondern die ziemlich ähnlich auch dann auftreten würden, wenn jemand anderer ihnen gegenübersäße. Für die Mitarbeiter ist der Vorgesetzte der Chef, für die Organisation ist er ein ausführendes Organ. Die Funktion von Führungskräften als Stoßdämpfer zwischen den Mitarbeitern und der Organisation ist relativ leicht nachzuvollziehen und vergleichsweise transparent. Man kann sich daher, sofern man seine Situation analysiert und reflektiert, einigermaßen von Kränkungen persönlich distanzieren und abgrenzen, die auf institutioneller Übertragung beruhen, da sie eigentlich gegen die Organisation gerichtet waren, beispielsweise wenn ein Mitarbeiter seine Wut über verschlechterte Arbeitsbedingungen artikuliert.

Wesentlich schwieriger sind persönliche negative Erfahrungen zu handhaben, die dem psychoanalytischen Verständnis von individuellen Übertragungen entsprechen. Gemeint ist hier die Übertragung von Gefühlen, die man aus der Erfahrung mit früheren Bezugspersonen kennt, auf Beziehungen, die der erwachsene Mensch führt. Wer sich insgesamt als Kind geliebt, geschätzt und geachtet fühlte, wird – insbesondere in Konfliktsituationen – seinem Vorgesetzten anders gegenübertreten als ein Mensch, der sich als Kleinkind mit harter Hand und uneinfühlsam behandelt vorkam. Es ist jedoch typischerweise nicht Aufgabe von Vorgesetzten, sich den Kopf darüber zu zerbrechen, wie es einem Mitarbeiter als Zweijährigem wohl ergangen sein mag. Man sollte sich jedoch bewusst sein, dass insbesondere Menschen mit größeren psychischen Problemen ausgeprägte Fähigkeiten haben, ihre Umgebung so zu beeinflussen und zu solch einem Verhalten zu bewegen, dass sie ihre frühen Erfahrungen als kleine Kinder bestätigt bekommen. So kann ein Vorgesetzter nur allzu leicht verbale Attacken eines Mitarbeiters als eine persönlich gegen ihn gerichtete Provokation erleben und entsprechend heftig darauf reagieren. Damit erfüllt er voll das Weltbild und die Erwartungen des Mitarbeiters, dass alle Autoritäten sich ihm gegenüber schlecht und nur schlecht verhalten. Hier ist die Sichtweise hilfreich, dass der Mitarbeiter auch dann provozieren würde, wenn ein anderer Mensch in der Rolle des Vorgesetzten wäre. Solch eine Betrachtung ermöglicht es, einerseits Grenzen zu setzen und andererseits in die Person des Mitarbeiters in respektierender Form Rückmeldungen zu geben, wie man sein Verhalten erlebt, und klarzulegen, welches Auftreten angemessener und zielführender wäre. Es ist anzunehmen, dass solche Verhaltensmuster eines Mitarbeiters sich nicht nach bloß einem Gespräch auflösen. Es besteht jedoch eine faire Chance, dass der Vorgesetzte mit einer übertragungsorientierten Sichtweise Inszenierungen eines Mitarbeiters persönlich besser bewältigen kann.

1.2.3. Der Gang zum Chef: ein kurzer Weg, aber eine weite Reise zurück

Herr Meyer, der bei seinen Mitarbeitern eher gefürchtet als geachtet ist, wird zu seinem Chef gerufen und vermutet, dass dies in Zusammenhang mit einer seiner letzten Entscheidungen steht, die nicht beabsichtigte Auswirkungen gezeitigt hatte. Am Weg über den Gang erfährt er psychisch eine dramatische Verjüngung. Er wird zu dem kleinen Kind, das zum Vater befohlen wird, und fürchtet, ein weiteres Mal physisch oder auch „nur" psychisch verletzt zu werden, weil ihm etwas passiert ist. Herrn Meyer ist dies nicht bewusst. Er wird jedoch von Gefühlen der Angst und Verzweiflung, aber auch von Wut und Zorn überschwemmt. Die Chancen stehen gut, dass er seinen Chef zu einem Verhalten provoziert, das sein, Meyers, Weltbild ein weiteres Mal bestätigt, sei es, man habe keine Chance, anerkannt zu werden, habe keinen Wert und könne daher nichts leisten, sei es, dass die Bestätigung eingeholt wird, man müsse sich wehren und kämpfen, dann würden die anderen schon zurückweichen und einem Zumutungen, etwas zu leisten, ersparen.

Üblicherweise hilft es einem Vorgesetzten, der einem Menschen wie Herrn Meyer gegenübersitzt, nicht allzu viel, wenn er Gesprächstechniken aus Konfliktmanagement-Seminaren oder Ähnliches oberflächlich beherrscht. Es ist gar nicht so unwahrscheinlich, dass Herr Meyer in einem solchen Fall spürt, dass sich sein Gegenüber an eine angelernte Technik klammert, und sich in seinem resignativen Rückzug oder auch in seiner wenig gehemmten Aggression bestärkt sieht.

Der Vorgesetzte ist gut beraten, das Verhalten von Herrn Meyer als Information anzusehen, die dieser über sich selbst zur Verfügung stellt. Er sollte auf seine eigenen Gefühle achten und sich die Frage stellen: Will ich es zulassen, dass Herr Meyer auf mich einen emotionalen Sog auslöst, der mich dazu bringt, meine Aufgaben und Gesprächsziele aus den Augen zu verlieren? Will ich mich in ein emotionales Spiel hineinziehen lassen, auf das ich üblicherweise, wenn ich gelassener bin, nicht einsteige? Wie kann ich Herrn Meyer klarmachen, dass ich ihn persönlich achte und mich für ihn verantwortlich fühle, aber gerade deshalb bestimmte Verhaltensweisen und Handlungen kritisch zum Thema machen muss?

Eine solche Gesprächshaltung setzt voraus, dass man über die grundsätzliche Bereitschaft verfügt, Menschen achtungsvoll gegenüberzutreten, und die produktive Handhabung von Konfliktsituationen als Kerngeschäft von Führungskräften ansieht. Beides, die Akzeptanz von Menschen, auch wenn sie schwierig sind, und von Führungsaufgaben, auch wenn sie belastend sind, stellen zentrale Voraussetzungen gelingender Führungsarbeit dar. Um diese erfolgreich auszuführen, ist das Beherrschen guter Gesprächstechniken hilfreich. Diese stoßen jedoch an enge Grenzen oder können sogar kontraproduktiv wirken, wenn die Grundhaltung und die persönliche Eignung des Vorgesetzten fehlen, andere Menschen auch in als negativ erlebten Situationen positiv zu berühren und zu bewegen. Hier hat jeder Mensch seine persönlichen Grenzen. Diese sind jedoch nicht unverrückbar, sondern verschiebbar oder zumindest durchlässiger gestaltbar. Gutes Führen ist erlernbar.

1.2.4. Das Unbewusste: älter und schneller

Um das zuvor Beschriebene noch etwas zu vertiefen: Das Unbewusste in uns ist früher vorhanden als das Bewusste.

Menschen können sich üblicherweise erst an Erlebnisse erinnern, die ab ihrem dritten Lebensjahr stattfanden. Von dem, was vorher mit uns geschah, wie wir vorher die Welt erlebten, was wir vorher machten, haben wir keine bewusste Vorstellung. Dies ist so, obwohl in den ersten Lebensjahren die wesentlichen Fundamente der Persönlichkeit, die zeit unseres Lebens die Grundlagen unserer Identität darstellen, gelegt werden. Auch in dieser Zeit werden die Erfahrungen, die wir machen, laufend verarbeitet und abgespeichert, allerdings nicht in der Großhirnrinde, in der die bewussten Erinnerungen im Gedächtnis verankert werden. Diese formt sich in den ersten Lebensjahren erst aus. Was zuvor geschieht, prägt sich in tiefer gelegenen Hirnregionen (im Limbischen System) ein. Es hat zentrale Bedeutung für die psychische Entwicklung sowie unser lebenslanges Verhalten gerade deshalb, weil es uns nicht bewusst ist. Das in dieser Zeit Erlebte ist, so u.a. Gerhard Roth (2003), Fundament des emotionalen Gedächtnisses und formt das, was man Persönlichkeit und Charakter nennt.

Die Gesamtheit der frühkindlichen Beziehungsmuster bezeichnet Antonie Ladan (2003) als „implizites Lebensszenario". Bei diesen Beziehungsmustern geht es einerseits um unsere unhinterfragten Selbstverständlichkeiten im Verhalten, bezüglich Erwartungen in Beziehungen sowie im Hinblick auf Interpretationen der Welt. Es handelt sich andererseits auch um die für uns selbstverständlichen Versuche, andere in der von uns gewünschten Weise reagieren zu lassen, sodass sie eine Rolle in unserem Lebensszenario übernehmen. Ein Mensch, der als Kleinkind ein hohes Ausmaß konstanter Zuwendung erfahren hat, hat ein gewisses Grundvertrauen in die Welt, ist daher für vertrauenerweckende Signale empfänglich und ordnet negative Wahrnehmungen und Erfahrungen, so sie vereinzelt bleiben, in einen positiven Gesamtzusammenhang ein. Er stellt belastbare Beziehungen her, gibt und bekommt Vertrauen. Ein anderer Mensch, der in seinen ersten Lebensjahren zu wenig dauerhafte Zuwendung bekommen hat bzw. in der Summe ein höheres Ausmaß an psychischen Verletzungen erfahren hat, verfügt aus seiner Sicht über sehr gute

Gründe, der Welt argwöhnisch gegenüberzutreten. Er scannt sozusagen seine soziale Umgebung laufend auf auch nur diskrete Hinweise auf mögliche negative Handlungen oder Verhaltensweisen der Menschen, mit denen er zu tun hat, ab. Diese registrieren sein Misstrauen, das meist von einer hohen Bereitschaft, sich – und sei es präventiv – zu wehren, begleitet ist, also als erhöhte Aggressionsbereitschaft erlebt werden kann. Die Mitmenschen treten deshalb dieser Person mit Vorbehalten gegenüber. Sie liefern ihr somit mehr oder weniger gute Gründe, ihr Verhalten konstant zu halten oder sogar auszubauen.

Das Unbewusste ist nicht nur früher da, es operiert zusätzlich schneller als unser Bewusstsein. So wird das Angstzentrum auch durch Bilder erregt, die so kurz gezeigt werden, dass sie nicht bewusst wahrgenommen werden. Eric Kandel (2006), der den Nobelpreis für seine Erforschung der dem Gedächtnis zugrunde liegenden neuronalen Prozesse erhielt, untersuchte mit seinen Mitarbeitern experimentell auch den Unterschied zwischen bewusster und unbewusster Furcht. Je größer die unbewusste Hintergrundangst der Versuchspersonen im Sinne einer Angststörung war, desto ausgeprägter erfolgte ihre Reaktion bei optischen Reizen, die zu kurz für eine bewusste Wahrnehmung und Verarbeitung gezeigt wurden. Bei bewusster Wahrnehmung der länger vorgeführten Reize war die Stimulierung des Angstzentrums (Amygdala, Mandelkerne) bei Personen mit und ohne Angststörung ziemlich ähnlich. Kandel sieht darin einen biologischen Beleg für die Bedeutung des psychoanalytischen Konzepts der unbewussten Emotionen. Angst hat dann den größten Einfluss auf das Gehirn, wenn der Reiz der Fantasie überlassen bleibt und nicht unbedingt bewusst wahrgenommen wird.

Das Unbewusste begleitet kontinuierlich die Wahrnehmung unserer Umwelt und steuert auf diese Weise unsere Auseinandersetzung mit der Umgebung. Hierzu sei ein weiteres Experiment angeführt, das sich bei Gerhard Roth (2007b) findet: Eine Gruppe von Versuchspersonen schätzte die Glaubwürdigkeit führender amerikanischer Politiker ein, die andere Gruppe im Anschluss das Alter derselben Personen. Die Betrachtung der Fotos zeigte bei beiden Gruppen eine starke Aktivierung der Amygdala, wenn es sich um von der ersten Gruppe als nicht vertrauenswürdig eingestufte Politiker handelte. Die Mitglieder der zweiten Gruppe befassten sich jedoch nicht bewusst mit der Glaubwürdigkeit der gezeigten Personen.

Roth folgert daraus, dass wir bei jeder Begegnung unbewusste Signale über unsere inneren Zustände und unsere Glaubwürdigkeit ausstrahlen und dass wir ebenso unbewusst solche Signale registrieren und bewerten.

Da diese limbische Ebene unser Verhalten im hohen Ausmaß steuert, erfordert soziale Wirksamkeit persönliche Glaubwürdigkeit, nicht nur, aber vor allem auch bei Führungskräften. Vorgesetzte werden laufend dabei beobachtet, wie sie selbst beobachten, wie bei ihnen (An-)Sagen und Handlungen übereinstimmen, wie sie positive und negative Sanktionen verteilen. Führungskräfte müssen damit leben, dass sie gegenüber ihren Mitarbeitern kaum einen Kontrollschatten aufweisen. Sie werden permanent und von allen Seiten her beobachtet. Vertrauensbrüche werden in aller Regel wahrgenommen, auch dann, wenn sie nicht angesprochen werden. Das Zeigen von Misstrauen erfordert nämlich insofern ein Mindestmaß an Vertrauen, als darauf vertraut werden muss, dass die Misstrauensbekundung zu keinen Formen der Bestrafung führt. Die Thematisierung, wie viel Vertrauen vorhanden ist, gegeben und angenommen werden kann, aber auch welche Grenzen es hat, ist Zeichen einer reifen Arbeitsbeziehung.

1.2.5. Das Gehirn wird das, wozu man es benützt

Ein Manifest von elf Hirnforschern (Elger u.a. 2006) führte nicht nur aus, dass unbewusste Prozesse bewussten vorausgehen, sondern betonte auch die enorme Adaptions- und Lernfähigkeit des Gehirns, die zwar mit dem Alter abnimmt, dies aber bei Weitem nicht so stark wie vermutet. Aufgrund der neuronalen Plastizität wächst das Gehirn mit seinen Aufgaben. Dies trifft vor allem auf die Großhirnrinde zu und nur in wesentlich geringerem Ausmaß auf das Limbische System. Um hierzu zwei Beispiele zu bringen:

Ein Neurologe verband gesunden Testpersonen die Augen und lehrte sie Blindenschrift. Nach nur zwei Tagen Dunkelheit reagierten die Nervenzellen der Sehrinde auf den Tastsinn, wenn die Finger über die erhabenen Buchstaben fuhren.

Unter starkem Stress leidende Personen machten über acht Wochen Meditationsübungen. Hernach ergab eine Befragung, dass sich die Personen deutlich besser fühlten. Bildgebende Verfahren zeigten, dass sich Nervenzellen der Großhirnrinde regeneriert und neu gebildet hatten.

Wir sind uns selbst nicht hilflos ausgeliefert, sondern haben die Möglichkeit, uns auch dort weiterzuentwickeln, wo wir an Grenzen stoßen oder uns selbst und/oder anderen im Wege stehen. Der Mensch unterscheidet sich von anderen Säugetieren durch die Fähigkeit der Selbstbeobachtung und Selbstreflexion, der bewussten Auseinandersetzung mit dem, was um ihn herum vorgeht, sowie der Analyse dessen, wie innere und äußere Vorgänge miteinander zusammenhängen. Es liegt an uns, diese spezifisch menschliche Fähigkeit zu nutzen oder auch verkümmern zu lassen. Auch wenn uns vieles verborgen bleiben muss, haben wir die Möglichkeit, in uns hineinzusehen, also Introspektion zu üben, in uns hineinzuhorchen sowie bewusst und sensibel die Signale aus der Umwelt aufzunehmen, ihnen nachzufühlen und über sie nachzudenken. In seiner „Bedienungsanleitung für ein menschliches Gehirn" benennt Gerald Hüther (2006) zwei wesentliche Wartungsmaßnahmen für unser Gehirn, nämlich Achtsamkeit und Behutsamkeit, also eine aufmerksame, wachsame und sensible Herangehensweise an das, was einem widerfährt und was man anderen widerfahren lässt. Hüther benennt einen einzigen schwerwiegenden Bedienungsfehler, den man seinem Gehirn widerfahren lassen kann: das Nicht-Zulassen, Nicht-Zeigen von Betroffenheit. Wer sich ein Bild von der Welt macht, demzufolge das, was geschieht, nicht mit einem selbst, sondern mit anderen Faktoren und Verhaltensweisen anderer zusammenhängt, begibt sich der Chance, aus dieser erlebten Verantwortlichkeit heraus zu lernen, sich weiterzuentwickeln, zu wachsen. Die Wahrscheinlichkeit, dass das Leben aus Endlosschleifen vertaner Gelegenheiten und Chancen sowie aus laufenden Wiederholungen suboptimaler Verhaltensmuster besteht, ist dann ziemlich groß. Für Führungskräfte stellt sich somit die Frage: Wie halte ich es persönlich mit Achtsamkeit, Behutsamkeit und Betroffenheit? Fördere oder behindere ich solche Haltungen bei meinen Mitarbeitern?

1.2.6. Das Verständnis der Welt ist nicht selbstverständlich

Um nochmals auf das kleine Kind zurückzukommen: Es muss Verschiedenes lernen, das für erwachsene Menschen etwas Selbstverständliches ist. Wenn wir auf die Welt kommen, haben wir noch kein sicheres Gefühl dafür, dass wir etwas anderes sind als unsere Umgebung, dass zwischen beiden eine

Grenze besteht. Wie sollte dieses Gefühl auch entstehen, wenn man vom Körper der Mutter umhüllt ist und Teil von deren Blutkreislauf ist? Aus der Lernerfahrung des Kleinkindes, dass es sich von seiner Umgebung unterscheidet, erwächst die Erfahrung, dass die anderen anders sind. Dies mag banal klingen, tatsächlich haben aber auch erwachsene Menschen eine beachtliche Neigung, andere als ihnen selbst gleich anzusehen. Dies gilt zwar nicht für die äußeren Merkmale, sehr wohl aber für die Gefühle und Bedürfnisse anderer. Es entsteht allzu leicht Unverständnis, wenn anderen etwas anderes wichtig ist und wenn sie etwas anderes wollen als man selbst.

Eine weitere wichtige frühe Lernerfahrung ist, dass die Welt weder nur schlecht ist, wie sie das Kleinkind erlebt, wenn es alleingelassen schreit, noch nur gut ist, wie es sie beim Saugen an der Mutterbrust oder am Fläschchen erfährt.

Hierbei ist besonders wichtig, dass man ein grundsätzliches Vertrauen in die Welt entwickelt, gleichzeitig aber Gefahren und Risiken richtig einschätzen kann. Kinder bedürfen für ihre Entwicklung auch der Lernerfahrung, dass sie weder allmächtig sind, also nicht alles nach ihrem Willen gehen kann, noch, dass sie ohnmächtig und völlig hilflos sind.

Fünf wesentliche Leistungen reifer Menschen sind demzufolge:

1. Das Erfassen und die Akzeptanz der Unterschiede zwischen Menschen. Dies bedeutet nicht, jegliches Verhalten zu tolerieren: Menschen sind jedoch eher bereit, ihre Verhaltensweisen produktiv weiterzuentwickeln, wenn man ihnen mit Verständnis und nicht mit Verärgerung gegenübertritt. Allmachtsfantasien über die Möglichkeiten, andere Menschen zu beherrschen, sind jedenfalls fehl am Platz.
2. Eine differenzierte Wahrnehmung der Welt als Quelle von Chancen und Risiken, das Erfassen von Zwischentönen, aber auch von Mehrdeutigkeiten. Dies führt zu den Fragen: Was ist das Gute im Schlechten? Was ist das Schlechte im Guten?
3. Die Fähigkeit, stabile Beziehungen zu führen, auch wenn in ihnen fallweise Frustrationen auftreten: Was für Kundenbeziehungen gilt: eine positiv erledigte Beschwerde oder Reklamation führt zu erhöhter Kundenbindung, gilt auch für Mitarbeiter und Beziehungen überhaupt.

4. Die Kombination von Vertrauen, Achtsamkeit, Behutsamkeit mit Entschiedenheit, wo es um die Wahrung legitimer Interessen und die Vermeidung von Schäden geht. Dies bedeutet nicht Sozialromantik, sondern kompetitive Kompetenz. Clausewitz argumentiert sehr ausführlich und nachhaltig, dass jede Offensive früher oder später an einen Kulminationspunkt kommt, ab dem sie zum Scheitern führt, unter anderem, weil Verschleiß bzw. logistische Probleme auftreten und der in die Enge getriebene Gegner sich verbissen und mit aller Kraft wehrt. Für soziale Kontexte bedeutet dies allgemein, bei der Durchsetzung von Interessen nur soweit zu gehen, als dies der Sache angemessen ist oder unter Gesichtspunkten von Werten erforderlich ist.
5. Die Balance zwischen Anpassung an die äußeren Umstände und Bemühungen und Kompetenzen, die Anpassung der Umwelt an die eigenen Bedürfnisse zu erwirken: Eltern erziehen Kinder, Kinder aber auch ihre Eltern. Mitarbeiter können über ein durchaus beachtliches Potenzial verfügen, ihre Vorgesetzten zu führen. Auch wer wenig äußere Macht hat, verfügt bei einer gewissen Portion Kreativität und Geschick über Möglichkeiten, seine Lebens- und Arbeitsbedingungen zu gestalten. Auch wer viel äußere Macht hat, sollte sich nicht der Illusion hingeben, über eine völlige Situationskontrolle zu verfügen, und eine gewisse Dosis Demut gegenüber seiner Umgebung und der Zukunft mit ihrer Ungewissheit zeigen.

Führungskräfte können ihre Arbeit dann gut machen, wenn sie diese fünf Leistungen im Regelfall erbringen können. Auch dann, wenn sie persönlich stark unter Druck geraten, sollten sie in ihrer Leistungsfähigkeit nur vorübergehend eingeschränkt sein, also über äußere und innere Ressourcen verfügen, um Stabilität und Selbstvertrauen zu bewahren bzw. wiederzuerlangen.

1.2.7. Druck kann Rückschritte erzeugen

Um auf Herrn Meyer zurückzukommen, der sich innerhalb weniger Sekunden beim Überschreiten des Ganges zum Zimmer seines Chefs unfreiwilligerweise um Jahrzehnte „verjüngte“: So gut wie alle Menschen haben aus ihrer Kindheit zumindest kleinere Unvollkommenheiten in das Erwachsenendasein hinübergenommen. Im Alltag fällt das niemandem auf, den anderen nicht und auch einem selbst nicht. Anders verhält es sich aber, wenn wir unter Druck geraten, weil sich die Dinge anders entwickeln, als wir es gewohnt sind. Wir machen dann Erfahrungen, die vom Grundmuster her denen entsprechen, die wir als kleine Kinder ziemlich unangenehm erlebten. Das kann sich in Herzklopfen äußern, wenn man seinem Chef in einer wichtigen Angelegenheit gegenübertritt, oder in Verwunderung, wieso man immer wieder in kleingeistige Konkurrenzen eintritt, auch wenn man sich vorgenommen hat, sich auf solche Spiele nicht mehr einzulassen. Die meisten Menschen verhalten sich üblicherweise in einem hohen Ausmaß reif und mündig. Es gibt jedoch nur wenige Menschen, die davor gefeit sind, sich in bestimmten besonderen Situationen unreif und für sich und/oder ihre Umwelt befremdlich zu verhalten. Menschen haben eine Neigung, in besonders belastenden Situationen zu regredieren, also auf frühkindliche, auch als primitiv bezeichnete Verhaltensweisen zurückzugreifen. Die Kunst von Führungsarbeit besteht unter anderem darin, solche Situationen wahrscheinlicher zu machen, die Menschen zu reifem Verhalten stimulieren, und jene Situationen unwahrscheinlicher zu machen, die zu primitiven Verhaltensweisen führen.

1.2.8. Wenn die Balance verlorengeht: Stress

Ganz allgemein entsteht Stress (genauer gesagt Distress), wenn nach subjektivem Erleben die zur Verfügung stehenden Ressourcen nicht zur Bewältigung der situativen Anforderungen ausreichen oder dies zumindest fraglich erscheint. Dies wird unter 3.2. näher dargestellt.

Hier sei lediglich auf die neurobiologischen Folgen von fortgesetztem Stress eingegangen. Dauert er längerfristig an, führt er zu einer Verschlechterung von Lern- und Gedächtnisleistung, was die Leistungsfähigkeit weiter senkt. Die Amygdala wird in ihrer Funktionsweise durch Stress fatalerweise nicht beeinträchtigt, sondern zeigt eine erhöhte Aktivität. Dies hat negative Auswirkungen auf die psychische Regulation bis hin zur Panik und auf die Leistungsfähigkeit bis hin zu massiver, gute Lösungen verhindernden Einengung bei der Bewältigung von Problemen und zur psychischen Blockade. Somit ist man unter Stress nicht in der Lage, neue komplexere Verhaltensweisen zu entwickeln.

Gelerntes kann zur späteren Problemlösung nur dann verwendet werden, wenn es in einer stimmigen, förderlichen Umgebung erfolgt. Lernen in einem negativen emotionalen Kontext, unter Angst, ermöglicht lediglich das Ausführen einfacher gelernter Routinen. Dies liegt darin begründet, dass je nach Gefühlslage die Lernprozesse verschieden ablaufen. Während das erfolgreiche Einspeichern von Informationen in einem positiven emotionalen Kontext im Hippocampus (Seepferdchen) geschieht, speichern in einem negativen emotionalen Kontext die Mandelkerne (Amygdala) diese Inhalte (Spitzer 2002). Der Hippocampus speichert Einzelheiten ab, ruft sie nachts wieder auf und transferiert sie innerhalb von Wochen und Monaten in die Großhirnrinde, den „langsamen Lerner", wo sie langfristig gespeichert werden. Die Funktion der Mandelkerne ist es hingegen, bei Abruf von assoziativ in ihm gespeichertem Material den Körper und den Geist auf Kampf und Flucht vorzubereiten.

Große Angst bewirkt zwar rasches Lernen, vor allem in Richtung auf Kampf oder Flucht bzw. Vermeidung. Sie ist jedoch für kognitive Prozesse insgesamt nicht förderlich und verhindert zudem genau das, was beim Lernen erreicht werden soll, nämlich die Anwendung des Gelernten auf viele Situationen und Beispiele.

Führungskräfte können nur dann gut führen, wenn sie zunächst einmal bei sich selbst Anforderungen und Ressourcen in Balance halten. Zentrale Fragen sind:

- → Wie kann ich meine persönlichen Ressourcen stärken und ausbauen?
- → Wie kann ich mir äußere Ressourcen sichern und erschließen?
- → Stelle ich an mich angemessene und realistische Anforderungen?
- → Wie kann ich mich gegen überzogene bzw. unangemessene Anforderungen der Umwelt abgrenzen?

Führungskräfte sollten aber auch beobachten, wie ihre Mitarbeiter mit inneren und äußeren Anforderungen und Ressourcen umgehen, und wie sie bei Störungen des dynamischen Gleichgewichts Unterstützung leisten können, damit die Mitarbeiter wieder eine Balance erlangen.

1.2.9. Der Beitrag der Kognitionspsychologie: Wir benötigen Sicherheit und Zweifel

Der Kognitionspsychologe und Wirtschaftsnobelpreisträger Daniel Kahneman (2011) hat zum Verständnis unserer Wahrnehmung, unseres Denkens sowie unserer Entscheidungen und Handlungen die Unterscheidung zwischen System 1 und System 2 ausformuliert. Das sind keine Systeme im üblichen Sinn, aber Modelle, die uns unser Innenleben nachvollziehbar machen.

System 1 ist schnell und intuitiv. Es erzeugt fortlaufend eine in sich stimmige Interpretation dessen, was in unserer Welt geschieht. Dies verläuft automatisch und oftmals unbewusst. System 1 ist nicht anfällig für Zweifel und Ambivalenz, es unterdrückt sie vielmehr. System 2 hingegen ist langsam und kalkulierend. Es ist aufwändig und mühevoll. System 2 lenkt die Aufmerksamkeit auf die anstrengenden mentalen Aktivitäten, darunter auch komplexe Überlegungen, Analysen und Berechnungen. Die Operationen von System 2 gehen oft mit dem subjektiven Erleben von Handlungsmacht, Entscheidungsfreiheit und Konzentration einher.

Beispiele für automatische Aktivitäten des Systems 1 sind körpersprachliche Reaktionen auf Personen, die rasche Einschätzung anderer Personen sowie das Durchführen von beruflichen Routinetätigkeiten und vertrauten Aktivitäten, etwa Bügeln oder Autofahren. Beispiele für Aktivitäten von System 2 sind die Überwachung der Angemessenheit des Verhaltens in einer sozialen Situation, die Überprüfung der Gültigkeit einer komplexen Beweisführung oder das Treffen einer abwägenden Entscheidung von größerer Tragweite.

Obwohl System 2 von sich selbst glaubt, im Zentrum der Aktivitäten zu stehen, ist das unwillkürliche System 1 der Held des Geschehens. In ihm entstehen spontan die Eindrücke und Gefühle, die die Hauptquellen der expliziten Überzeugungen und bewussten Entscheidungen von System 2 sind. Auch aus diesem Ansatz ergibt sich somit ähnlich wie aus der Psychoanalyse und der Neurobiologie, dass der Mensch kein rationales, sondern ein rationalisierendes Wesen ist. Kahneman formuliert es so: „Der emotionale Schwanz wedelt mit dem rationalen Hund." Anders gesagt: In einem Film wäre System 2 eine Nebenfigur, die sich für die Hauptfigur hält.

System 1 entwickelt fortwährend Vorschläge für System 2 in Form von Eindrücken, Intuitionen, Absichten und Gefühlen. Wenn diese Vorschläge bei System 2 Unterstützung finden, werden sie zu Überzeugungen. Aus Impulsen entstehen somit willentlich gesteuerte Handlungen. Im Allgemeinen vertraut man seinen Eindrücken und gibt seinen Wünschen nach. Das ist üblicherweise in Ordnung, aber nicht immer.

Je wichtiger eine Entscheidung ist, je kalkulierender sie getroffen wird, z.B. bei einer Investitionsentscheidung oder dem Kauf einer Wohnung, desto mehr wird System 2 eingesetzt, aber auch hier hört der Input von System 1 nie auf.

Es ist durchaus möglich, dass System 2 die Kontrolle übernimmt, indem es die ungezügelten Impulse und Assoziationen von System 1 verwirft. Die Operationen von System 2 sind allerdings mit Anstrengung verbunden. Da es faul ist, wendet es nur die Mühe auf, die absolut notwendig ist. Deshalb werden die Gedanken und Handlungen, von denen System 2 annimmt, dass es sie frei gewählt hat, oftmals von System 1 bestimmt.

Die Arbeitsteilung zwischen System 1 und System 2 ist höchst effizient: Sie minimiert den Aufwand und optimiert die Leistung. Diese Regelung funktioniert meistens gut, weil System 1 im Allgemeinen höchst zuverlässig arbeitet. Seine Modelle vertrauter Situationen sind häufig richtig, seine kurzfristigen Vorhersagen sind in der Regel ebenfalls zutreffend, und seine anfänglichen Reaktionen auf Herausforderungen sind prompt und im Allgemeinen angemessen. Die hauptsächliche Funktion von System 1 besteht darin, das Modell unserer persönlichen Welt aufrechtzuerhalten, es zu aktualisieren und uns dadurch in einer unaufwändigen Art Orientierung und Sicherheit, somit Handlungsfähigkeit zu verleihen. Es baut auf Situationen, Ereignissen, Handlungen und Ergebnissen auf, die mit einer gewissen Regelmäßigkeit gemeinsam gleichzeitig oder innerhalb kurzer Zeit auftreten. Dies erzeugt Vorstellungen, die unsere Interpretationen der Gegenwart sowie unsere Zukunftserwartungen bestimmen. Beispielsweise geht jemand in eine Besprechung mit der Erwartung, dass sie wie die vorhergegangenen zäh und unproduktiv verlaufen wird. Man nimmt deshalb automatisch und ohne weitere Abwägung eine passive Haltung ein und folgt seiner Gewohnheit, dem Smartphone mehr Aufmerksamkeit zu schenken als dem Besprechungsverlauf.

System 1 wurde von der Evolution so ausgeformt, dass es die Hauptprobleme, die ein Organismus lösen muss, um zu überleben, fortwährend bewertet:

Gibt es eine Bedrohung oder eine größere Chance? Soll ich mich annähern oder soll ich ausweichen? Auch wenn wir nicht mehr in freier Wildbahn unterwegs sind: Wir bewerten Situationen ständig als positiv oder negativ. Dies löst entsprechende Flucht- oder Annäherungsreaktionen aus. System 1 stellt eine implizite Interpretation dessen bereit, was wir erleben, und verknüpft hierbei die Gegenwart mit der jüngsten Vergangenheit sowie mit Erwartungen an die nahe Zukunft. Es ist die Quelle unserer raschen und oftmals präzisen intuitiven Urteile, kann aber auch der Ursprung systematischer Fehler sein.

Die Leistungsfähigkeit von System 1 wird jedoch durch kognitive Verzerrungen beeinträchtigt, für die es unter spezifischen Umständen in hohem Maße anfällig ist. Es beantwortet manchmal Fragen, die leichter sind als jene, die ihm eigentlich gestellt wurden, und es versteht kaum etwas von Logik und Statistik. Wir haben ein übermäßiges Vertrauen in das, was wir zu wissen glauben, und eine scheinbare Unfähigkeit, das ganze Ausmaß unseres Unwissens und der Unbestimmtheit der Welt zuzugeben. Wir überschätzen tendenziell unser Wissen über die Welt und wir unterschätzen die Rolle, die der Zufall bei Ereignissen spielt.

Im Folgenden seien einige kognitive Verzerrungen dargestellt. Ihre Kenntnis ist auch deshalb von Bedeutung, weil gelingendes Führen ein gut ausgeprägtes Beobachtungs-, Beurteilungs- und Einschätzungsvermögen voraussetzt.

Das Erfolgskriterium von System 1 ist die Kohärenz der Geschichte, die es erschafft. Es versteht sich hervorragend darauf, die bestmögliche Geschichte zu konstruieren, die die momentan aktivierten Vorstellungen einbezieht, aber es kann keine Informationen berücksichtigen, die es nicht hat. Die Menge und Qualität der Daten, auf denen die Geschichte beruht, ist weitgehend belanglos. Wenn Informationen knapp sind – was häufig der Fall ist –, fungiert System 1 als Maschine für „Urteilssprünge".

Betrachten wir folgendes Beispiel: „Wird Herr Müller ein guter Controller sein? Er ist stark in Analysen und tritt glaubwürdig auf." Ihnen fällt wohl schnell eine Antwort ein; diese lautet üblicherweise „ja". Was wäre aber, wenn die nächsten beiden Eigenschaften „opportunistisch" und „über Leichen gehend" wären?

Falls Sie sich nicht gefragt haben: Was müsste ich wissen, bevor ich mir eine Meinung über die berufliche Kompetenz einer Person bilde?, haben sie eine übliche Verhaltensweise an den Tag gelegt: Ihr System 1 begann von dem ersten Adjektiv an, spontan zu arbeiten: Intelligenz ist gut, intelligent und stark ist sehr gut. Da System 2 träge ist, unterstützt es viele intuitive Überzeugungen, die von System 1 zugeliefert werden.

WYSIATI

Voreilige Schlussfolgerungen auf beschränkter Datenbasis werden als WYSIATI (What you see is all there is), also als „Nur was man gerade weiß, zählt" bezeichnet. Demzufolge ist System 1 völlig unempfindlich für die Qualität und Quantität der Informationen, aus denen Eindrücke und Intuitionen hervorgehen. WYSIATI ermöglicht uns, dass wir uns rasch in einer komplexen Welt orientieren, und liefert zumeist eine Geschichte, die der Wirklichkeit ausreichend nahekommt. WYSIATI produziert jedoch auch eine Reihe von Fehlern, da es die Suche nach weiteren Informationen, also nach einer soliden und belastbaren Beurteilungs- und Entscheidungsbasis, unterbindet. Der erste Eindruck mag ein guter Wegweiser sein, stellt jedoch kein leistungsfähiges Navigationssystem dar – auch nicht auf dem Felde der Führung.

Beispielsweise kann große Begeisterung für ein neues Projekt dazu führen, dass die Akteure darauf verzichten, möglicherweise ernüchternde Erfahrungen mit vergleichbaren Projekten innerhalb oder außerhalb der Organisation heranzuziehen. Es empfiehlt sich aber, dies zu tun. Man sollte sich daher intensiv darum bemühen, die Nutzung sämtlicher Informationen, die verfügbar sind, zu ermöglichen und zu erleichtern. Bei der Beurteilung von Personen ist es sinnvoll, sich nicht nur auf eigene Wahrnehmungen und Einschätzungen zu verlassen, sondern auch die Beobachtungen und Sichtweisen anderer Personen heranzuziehen. Diese sollten nicht allgemein nach ihrem Eindruck gefragt werden, sondern anhand konkreter Fragen konkrete Informationen liefern.

Framing-Effekte

Framing-Effekte (Einrahmungseffekte) bestehen darin, dass sie Entscheidungen durch Informationen beeinflussen, die im Gesamtzusammenhang zu falschen Ergebnissen führen. Der große Unterschied zwischen Eindrücken und überprüfbaren Fakten ist aus der folgenden Grafik, der Müller-Lyer-Illusion, ersichtlich:

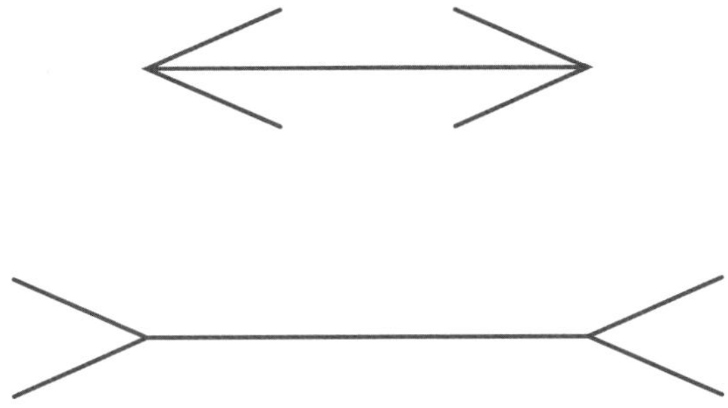

Abb. 2: Optische Täuschung – der Framing-Effekt

Meistens ist man erst, wenn man die Linien gemessen hat, überzeugt, dass diese gleich lang sind. Trotzdem erscheint die untere Linie länger als die obere. Auch wenn Sie der Messung glauben, können Sie System 1 nicht von seiner gewohnten Aktivität abhalten.

Ähnliches kann einem auch im Umgang mit Menschen passieren, beispielsweise wenn jemand besonders charmant auftritt, Komplimente macht und beteuert, dass man zum Unterschied von allen anderen, die ihm gegenüber inkompetent aufgetreten seien, in der Lage sei, ihm zu helfen. Es müssten die Alarmglocken schrillen: Wann wird er der Nächsten genau das erzählen, was er mir gegenüber gerade beteuert? Unser System 1 macht uns aber anfällig dafür, auf die Manipulation unserer Gefühle in ähnlicher Form einzusteigen, wie unser optisches Wahrnehmungsvermögen durch die obige Grafik beeinträchtigt wird.

Framing-Effekte bedeuten, dass verschiedene Darbietungsweisen derselben Information unterschiedliche Emotionen hervorrufen. So ist: „90 Prozent werden fehlerfrei erledigt." beruhigender als: „Die Fehlerrate liegt bei 10 Prozent". Aber auch die Reihenfolge von Interventionen, z.B. Fragen, spielt eine bedeutende Rolle.

Deutsche Studenten erhielten einen Fragebogen mit folgenden beiden Fragen: „Wie glücklich fühlen Sie sich zurzeit?" und „Wie viele Verabredungen hatten Sie im letzten Monat?" Die Korrelation zwischen den Antworten betrug ungefähr Null, es bestand somit kein Zusammenhang zwischen den Antworten. Eine andere Studentengruppe bekam die gleichen beiden Fragen in umgekehrter Reihenfolge, also die Frage nach den Verabredungen zuerst.

Diesmal kamen ganz andere Ergebnisse heraus, nämlich ein hoher Zusammenhang. Dies ist folgendermaßen zu erklären: Verabredungen standen offenkundig nicht im Mittelpunkt des Lebens der Studenten, aber als sie aufgefordert wurden, über ihr Liebesleben nachzudenken, reagierten sie eindeutig emotional darauf.

Ähnliche Ergebnisse gibt es bei Fragen nach der Beziehung der Studenten zu ihren Eltern oder nach ihren Finanzen, wenn diese der Frage nach dem allgemeinen Glücksgefühl unmittelbar voranging. Die erste Antwort stimuliert einen bestimmten emotionalen Zustand, der sich auf das Glücksgefühl in der konkreten Situation stark auswirkt, ein weiterer Fall von WYSIATI.

System 1 ersetzt bereitwillig das Ganze durch einen Teil. Der Aspekt, auf den die Aufmerksamkeit gerichtet wird, spielt bei einer globalen Bewertung eine große Rolle. Diese Fokussierungs-Illusion lässt sich in einem Satz zusammenfassen: Nichts ist im Leben so wichtig, wie man glaubt, wenn man darüber nachdenkt. Der Grundsatz: „Wer fragt, der führt" bekommt auf diese Weise eine spezifische Bedeutung. Fragen sind nicht bloß Mittel zum Generieren von Informationen, sondern steuern einen Prozess der Bewusstwerdung und schaffen somit Stimmungen mit hoher Wirkmächtigkeit. Ein Mitarbeiter, der nur fehler- und defizitbezogene Fragen gestellt bekommt, wird mit einer gewissen Wahrscheinlichkeit in der gegebenen Situation weniger Selbstvertrauen und damit Leistungsfähigkeit haben als ein Kollege, der vor allem mit erfolgs- und ressourcenbezogenen Fragen angeregt wird. Je häufiger solche Situationen hergestellt werden, desto stärker bilden sich Muster heraus, die sich aus sich heraus aufrechterhalten.

Priming

Priming (Prägung) bedeutet, dass bestimmte Vorstellungen weitgehend unbewusst Auswirkungen auf unser Verhalten haben. Um ein Beispiel zu bringen: Eine Gruppe junger Studenten erhält die Aufgabe, aus Wörtern Sätze zu bilden. Davon erhielt die eine Hälfte Wörter vorgesetzt, die mit älteren Menschen assoziiert werden (grau, alt), die zweite Hälfte andere. Anschließend wurden die Studenten in ein Büro am anderen Ende des Ganges geschickt. Die, die „alte" Worte vorgesetzt erhalten hatten, bewegten sich erheblich langsamer als die anderen.

Ein anderes Beispiel bezieht sich auf das Wählerverhalten: Eine Studie über das Abstimmungsmuster in Wahlbezirken in Arizona zeigte, dass die Unterstützung von Vorschlägen zur Erhöhung der Bildungsausgaben erheblich größer war, wenn sich das Wahllokal in einer Schule befand oder auch nur in der Nähe einer Schule. Ein Priming-Effekt könnte etwa sein, dass man einen Mitarbeiter, der dieselbe Sportart ausübt wie man selbst, als kompetenter einschätzt als andere und dies umso mehr, je seltener die Sportart ist. Priming kann auch schlicht darin bestehen, dass jemand, der näher beim Chef sitzt, ihm auch emotional näher und somit einflussreicher ist.

Halo-Effekt

Der ***Halo-Effekt*** wurde Philip Rosenzweig (2007) zufolge bereits vor rund 100 Jahren beschrieben. Während des Ersten Weltkriegs betrieb ein amerikanischer Psychologe namens Edward Thorndike Forschung darüber, wie Vorgesetzte ihre Untergebenen einschätzen. Er ersuchte Armeeoffiziere, ihre Soldaten in verschiedenen Dimensionen (Intelligenz, körperliche Leistung, Charakter usw.) zu beurteilen. Die Ergebnisse verblüfften ihn. Einige Soldaten wurden in nahezu jeder Hinsicht als sehr gut eingeschätzt, während andere durchgehend als deutlich unterdurchschnittlich eingestuft wurden. Beispielsweise wurde jemand beurteilt: höchst umgänglich, ein ausgezeichneter Schütze, der seine Schuhe einwandfrei putzt. Thorndike nannte es den Halo-Effekt.

Rosenzweig unterscheidet verschiedene Formen von Halo-Effekten:

Eine Variante entspricht der Beschreibung von Thorndike, nämlich die Tendenz, aufgrund eines allgemeinen Eindrucks auf spezifische Eigenschaften zu schließen. Für die meisten Menschen ist es schwierig, unterschiedliche Eigenschaften unabhängig voneinander einzuschätzen. Es gibt eine allgemeine Tendenz, sie miteinander zu vermengen. Auf diese Weise schafft das Bewusstsein ein stimmiges und schlüssiges Bild und verfestigt es.

Eine andere Form besteht in einer Art Daumenregel, die Menschen benutzen, um Einschätzungen über etwas zu machen, das nur schwer unmittelbar beurteilt werden kann. Es gibt eine Tendenz, sich an Informationen anzulehnen, die relevant, eindeutig und objektiv erscheinen, und diese Befunde in der Folge auf andere Eigenschaften, die schwerer zu erfassen und zu beurteilen sind, auszudehnen. Um ein Beispiel aus Einstellungsverfahren zu bringen: Die erste klare und eindeutige Information in Bewerbungsverfahren ist, welche Schule oder Universität mit welchem Erfolg absolviert wurde. Es kann dann geschehen, dass diese Informationen Interviewer dabei beeinflussen, wie sie einen Bewerber in seinem persönlichen Verhalten oder bezüglich der Qualität seiner Antworten auf gestellte Fragen einschätzen.

Halo-Effekte gibt es auch auf Gruppenebene: Gruppen wurden gebeten, auf Basis verschiedener Finanzdaten die künftigen Gewinne eines Unternehmens einzuschätzen. Der Forscher Barry Straw teilte nach Zufallsprinzip einem Teil der Gruppen mit, sie hätten ihre Aufgabe gut bewältigt, den anderen Gruppen, sie hätten ein schlechtes Ergebnis erzielt. Straw ersuchte in der Folge alle Gruppen, sich selbst einzuschätzen. Die, die eine Erfolgs-Rückmeldung bekommen hatten, schätzten sich selbst als sehr motiviert, sehr gut kommunizierend und einen hohen Zusammenhalt aufweisend ein. Die Gruppen, die eine Misserfolgs-Rückmeldung bekommen hatten, schätzten ihre Zusammenarbeit hingegen negativ ein. Ähnliche Ergebnisse stellten sich auch ein, wenn die Gruppen nicht zufällig zusammengestellt waren, sondern eine längere Geschichte der Zusammenarbeit hatten.

Diese Halo-Effekte auf der Gruppen-Ebene lassen sich folgendermaßen erklären: Es ist schwer, in objektiver Weise exakt einzuschätzen, worin gute Kommunikation, optimaler Zusammenhalt oder eine angemessene Klarheit von Rollen bestehen. Daher neigen Menschen dazu, Zuschreibungen anhand anderer Daten zu machen, die sie als zuverlässig einschätzen. Erfolg ist demzufolge ein Indiz, anhand dessen Gruppen und Organisationen Eigenschaften zugeordnet werden. Wenn eine Gruppe erfolgreich ist, kann sie sagen: „Wir waren zueinander aufrichtig, offen und hielten mit nichts zurück." Wenn sie nicht erfolgreich ist, kann die nachträgliche Selbsteinschätzung lauten: „Wir kämpften miteinander in einer nicht funktionalen Weise. Nächstes Mal sollten wir respektvoller und disziplinierter vorgehen." Eine andere Gruppe kann bei Erfolg sagen: „Wir respektierten einander und bekämpften uns nicht", hingegen bei Misserfolg äußern: „Wir waren zu höflich, zu vorsichtig und übten gegenseitige Zensur. Nächstes Mal sollten wir offener und direkter sein und uns nicht so sehr über die Gefühle der anderen den Kopf zerbrechen."

Halo-Effekte sind auch bei der Beurteilung von Wirtschaftsmanagern gut zu beobachten. André Rettberg führte durch eine überzogene Expansion die

Buchhandelskette Libro 2002 in den Konkurs. Drei Jahre zuvor war er vom Wirtschaftsmagazin „Trend" zum österreichischen Manager des Jahres erklärt worden. In Deutschland war Jürgen Schrempp nach erfolgter Fusion zwischen Daimler-Benz und Chrysler im Jahre 2000 zum Manager des Jahres gekürt worden. Nach Scheitern des Mergers zählte ihn „Business Week" zu den schlechtesten Managern der Welt. Dies sind nur zwei Beispiele aus einer Vielzahl von Belegen, dass aktuelle Erfolge, mögen sie auch bei kritisch-analytischer Betrachtungsweise auf wackeligen Beinen stehen, zur Zuschreibung exzellenter persönlicher Qualitäten führen.

Insgesamt gilt nach Kahneman (2011): Ein Großteil dessen, was wir falsch machen, hat seinen Ursprung in System 1. Aber System 1 ist auch der Ursprung der meisten Dinge, die wir richtig machen – und das ist das meiste dessen, was wir tun. Unsere Gedanken und Handlungen werden routinemäßig von System 1 gesteuert. System 1 ist die Summe unserer lebenslangen Erfahrungen und Fähigkeiten, automatisch geeignete Lösungen für unmittelbar auftretende Herausforderungen zu erzeugen, sei es beim Autofahren, sei es im Umgang mit einem Mitarbeiter. Wie sehr wir diese Fähigkeiten ausbauen, hängt von uns ab, aber auch von unserer Umgebung. Es bedarf eines einigermaßen strukturierten und geregelten Umfelds, ausreichender und auch wahrgenommener Übungsmöglichkeiten sowie rascher und klarer Rückmeldungen über die Richtigkeit unserer Entscheidungen und Handlungen. Achtsamkeit und förderliche Umweltbedingungen sind der Boden, auf dem sich eine Intuition entwickelt, der wir und andere vertrauen können.

Nach Kahneman besteht Intuition in einem Wiedererkennen. Die konkrete aktuelle Situation liefert einen Hinweisreiz. Dieser Hinweisreiz gibt dem Experten Zugang zu Informationen, die im Gedächtnis gespeichert sind und ihm die Antwort geben. Beispiele sind der diagnostische Blick des Arztes oder das Erkennen der Wut des Anrufers bei seinen allerersten Worten im Telefonat.

Für eine treffsichere Intuition müssen folgende Voraussetzungen erfüllt sein:

- eine Umgebung, die hinreichend regelmäßig ist, um vorhersagbar zu sein,
- die kontinuierliche Möglichkeit, diese Regelmäßigkeiten durch langjährige Übung zu erlernen,
- hinreichende Qualität und Schnelligkeit des Feedbacks.

Dies bedeutet, dass auch bei komplexen Handlungsfeldern der Erwerb von Intuition möglich ist, vorausgesetzt, man handelt nicht nur, sondern lernt auch durch Beobachtung, Analyse und Auswertung der Erfahrungen.

Führungskräfte, die lernfähig und lernbereit sind sowie förderliche Rahmenbedingungen für ihre Führungsarbeit vorfinden, können somit eine fundierte Intuition bei der Beurteilung von Mitarbeitern entwickeln. Diese Intuition kann und soll es jedoch nicht ersparen, qualifizierte Einschätzungen des Leistungsvermögens und der Leistungsbereitschaft der Mitarbeiter vorzunehmen. Dies wird unter 4.3. näher ausgeführt.

Auf der Ebene von Teams, Organisationseinheiten und Organisationen besteht die Herausforderung darin, Kommunikationen, Arbeitsprozesse und Entscheidungen reif zu gestalten. Personen, die sich im System-2-Modus befinden, sollten nicht von denen ruhig- oder auch kaltgestellt werden, die vom System-1-Modus uneingeschränkt bestimmt sind und versuchen, andere in eben diesen Sog zu bringen.

Im Führungsalltag sind Führungskräfte jedoch nur handlungsfähig und somit ihren Aufgaben gewachsen, wenn sie über weite Strecken im System-1-Modus arbeiten. Ob Fehler zu Lernerfahrungen oder zu festgefahrenen Mustern werden, entscheidet sich jedoch darin, inwieweit System 2 zumindest fallweise die Gelegenheit erhält, sich Gehör zu verschaffen.

Dies vermag man dann, wenn man einen Schritt zurücktritt, die Situation und sich selbst von der Seite her betrachtet und aus diesen Beobachtungen und Wahrnehmungen eine stimmige Lösung, einen wohl dosierten Entwicklungsschritt ableitet.

Je gestresster wir sind, desto schwerer fällt es uns, System 2 zu aktivieren. Wenn man deutlich unter Druck gerät, ist kein Platz für differenziertere Überlegungen. Beobachter jedoch sind weniger beansprucht und offener für Informationen als Handelnde. Sie können somit eine wichtige Warnfunktion ausüben – vorausgesetzt, man lässt dies zu und gibt hierzu Ermunterung. Die Herausforderung besteht darin, seine Arbeitsbeziehungen so zu gestalten, dass man die Voraussetzungen für ein funktionierendes Frühwarnsystem schafft. Personen, durchaus auch Vorgesetzte, die solche Beobachtungen machen, die die Betroffenen nicht wahrnehmen können, sind gefordert, sich einer klaren, gut nachvollziehbaren Sprache zu bedienen. Sie sollten die Kommunikation so gestalten, dass sie die Menschen, die von System-1-Logiken dominiert sind, mit System-2-Argumenten erreichen. Dies fordert Geduld, Einfühlungsvermögen und Wertschätzung. Anders gesagt: Wenn wir Menschen zeigen, dass wir sie mögen, auch wenn wir ihre Handlungen kritisch einschätzen, haben wir den Halo-Effekt und andere Wahrnehmungsverzerrungen auf unserer Seite.

Insgesamt besteht die Paradoxie von Führung darin, sich über weite Strecken auch dort sicher zu sein, wo Zweifel durchaus angebracht wären, und zum anderen ein Sensorium dafür zu haben, wann lieb gewordene Sicherheiten zu bezweifeln sind.

1.3. Arbeitsverhältnisse: Die Koppelung von Menschen und Aufgaben

1.3.1 Der Mensch verhält sich nach den Verhältnissen

Kurt Lewin (1963) entwickelte die Formel: V = f (P, U). Das Verhalten ist demzufolge eine Funktion aus dem Zusammenspiel von Persönlichkeit und Umwelt. Es gibt Situationen, denen sich kaum eine Person entziehen kann, Situationen, die auch bei sehr unterschiedlichen Persönlichkeiten zu sehr ähnlichen, um nicht zu sagen gleichförmigen Verhaltensweisen führen. Als Beispiel mögen massenpsychologische Phänomene dienen. Zum anderen gibt es Persönlichkeiten, die unabhängig von äußeren Gegebenheiten eigensinnig ihren Weg gehen, sei es der große Erfinder, der Manager des Jahres oder der an einer Psychose erkrankte Patient. Üblicherweise kommt es aber zu einem komplexen Zusammenspiel zwischen persönlichen Merkmalen und gegebenen Situationen. So hat in einer Abteilung jeder Mitarbeiter seinen persönlichen Arbeitsstil, einer tut mehr, der andere weniger, ein Dritter teilweise auch etwas ganz anderes, insgesamt aber besteht ein Arbeitsverhalten, das mit dem, was erwartet wird, einigermaßen übereinstimmt. Es kann aber auch sein, dass jemand an einem neuen, förderlicheren Arbeitsort ein Verhalten zeigt, dass seine früheren Kollegen am alten Arbeitsort, so sie es erfahren, in großes Erstaunen versetzt. Es kann auch vorkommen, dass ein Vorgesetzter die hohe Krankenstandsquote seiner bisherigen Mitarbeiter in einen neuen

Wirkungsbereich „mitnimmt", somit dort die Krankenstandsquote signifikant steigt.

Zumeist legen wir an unsere Mitmenschen einen etwas weniger strengen Maßstab an, als er in Religionen definiert ist. Wir sind gegenüber Gedankensünden tolerant, sie kümmern uns nicht. Wir sind zufrieden, wenn jemand ein Verhalten oder zumindest Beteuerungen für ein zukünftiges Verhalten zeigt, das mit unseren Erwartungen und Wünschen weitgehend konform geht. Was jemand in seinem Innersten bewegt, wird in Arbeitsverhältnissen allenfalls dann relevant, wenn es besondere Indizien für Divergenzen zwischen Persönlichkeit und Verhalten gibt, die ernsthafte Zweifel an der Zuverlässigkeit des betreffenden Menschen auslösen. Das ist gut so: Arbeitsverhältnisse sind kein Pakt mit dem Teufel, dem man sich mit Haut und Haaren verschreibt, sondern bestehen im Austausch von Leistungen und Duldungen.

Das ist auch deshalb sinnvoll, weil Persönlichkeit etwas ist, das bei erwachsenen Menschen, wenn überhaupt, nur ziemlich schwer veränderbar ist. Am ehesten funktioniert das durch massive und/oder anhaltende Traumatisierungen. Menschen mit einem hohen Ausmaß an Vertrauen in sich und in die Welt sind aber auch hier zumeist ziemlich widerstandsfähig und robust. Eine Persönlichkeit nachhaltig und tiefgreifend in eine von ihr und/oder ihrer Umwelt gewünschte Richtung zu verändern, ist ein höchst komplexes und anspruchsvolles Unterfangen, das am ehesten in Psychotherapien oder auch therapeutischen Einrichtungen gelingt. Stabile, langfristige positive persönliche Beziehungen vermögen hier wohl auch einiges.

Es ist jedenfalls sinnvoll, dass Chefs nicht auf die Veränderung der Persönlichkeit ihrer Mitarbeiter durch ihr eigenes Führungsverhalten oder durch andere Umstände setzen. In umgekehrter Richtung, also für Intentionen von Mitarbeitern, ihr Idealbild von einer Führungspersönlichkeit durch persönliche Verbesserung des Chefs verwirklichen zu können, gilt Gleiches.

Statt sich in nicht erfolgsträchtigen Anstrengungen zur Veränderung von Persönlichkeiten zu verzetteln, sollte man sich darauf konzentrieren, eine Umweltsituation zu erzeugen und zu stabilisieren, die gewünschte Verhaltensweisen wahrscheinlicher und unerwünschte Verhaltensweisen unwahrscheinlicher macht. Dies setzt eine zutreffende Situationsbeschreibung voraus. Hierzu sei ein Beispiel aus der Rechtsprechung gebracht:

Ein Forscherteam der Columbia Business School (Danziger u.a. 2011) analysierte über 1100 richterliche Entscheidungen bezüglich der bedingten Entlassung von Strafgefangenen in israelischen Gefängnissen. Die Richter machten pro Tag durchschnittlich 22 Entscheidungen, wobei sie in der Vormittagspause einen Snack konsumierten und in der Mittagspause ein Mittagessen einnahmen. Es zeigte sich, dass jeweils zu Beginn der drei täglichen Sessionen die Entlassungsquote 65 % betrug und gegen Ende der Sitzung auf jeweils nahezu null zurückging. Die Autoren verweisen für mögliche Erklärungen der festgestellten Tendenz, bei Verausgabung einfachere Entscheidungen zu treffen, auf Ergebnisse anderer Studien. Diese weisen auf die positiven Effekte kurzer Pausen, guter Stimmung und von Glukose für die Regenerierung geistiger Ressourcen hin. Die Autoren erklären die Ergebnisse jedenfalls mit geistiger Erschöpfung und meinen, dass ähnliche Formen der Vereinfachung von Expertenentscheidungen auch in anderen Bereichen anzutreffen sind, in denen eine Abfolge einer größeren Zahl von Entscheidungen erfolgt, wie Medizin, Finanzen oder Universitäten. Sie schließen den Artikel mit dem Verweis auf eine amerikanische Redensart: „Indeed, the caricature that justice is what the judge ate for breakfast might be an appropriate caricature for human decision making in general." – auf Deutsch: „Tatsächlich könnte das zuspitzende Sprichwort, dass Gerechtigkeit das ist, was der Richter frühstückte, eine geeignete Metapher für menschliche Entscheidungsfindung ganz allgemein sein."

Manchem österreichischen Steuerzahler mag sich hier die Frage aufdrängen, ob die Entscheidung über die Notverstaatlichung der Hypo-Alpe-Adria-Bank ihm nicht billiger gekommen wäre und den Gerichten weniger Arbeit bereitet hätte, wenn sie nicht nach einer langen Nachtsitzung in den frühen Morgenstunden, sondern nach achtstündigem Schlaf und einem guten Frühstück gefallen wäre.

Um zum engeren Thema zurückzukommen: Es wäre spannend, sich das Verhalten von Führungskräften unter den aufgezeigten Gesichtspunkten anzusehen. Uns erscheinen einige Aspekte von Interesse, die in dem oben zitierten Artikel nicht angesprochen werden: Wieso fielen den Richtern und anderen an den Verfahren Beteiligten die Entscheidungsmuster nicht auf? (Hypothese: Auch hoch qualifizierte Akademiker haben eine relativ geringe

Bereitschaft zur Selbstbeobachtung und Selbstreflexion). Wie reagierten die betroffenen Richter auf die Studie? (Hypothese: Juristen, aber auch andere Berufsgruppen haben eine hohe Neigung, auf sozialwissenschaftliche Ergebnisse entweder mit: „Das haben wir eh schon gewusst!" oder mit „Das glauben wir nicht!" zu reagieren, beides taugliche Mittel, die eigenen Realitätskonstruktionen zu immunisieren und Nachdenklichkeit zu vermeiden. Aus dem israelischen Beispiel lässt sich jedenfalls lernen, dass, will man die Professionalität des eigenen Verhaltens erhöhen, nicht nur eine reflexive Auseinandersetzung mit der eigenen Person, sondern auch mit den Umweltbedingungen, unter denen man arbeitet, empfehlenswert ist.

1.3.2. Arbeitsleistungen und Arbeitsbeziehungen – eine notwendige Partnerschaft

Die Aussicht auf soziale Anerkennung und das Erleben positiver Zuwendung sind nach Bauer eine zentrale Triebkraft für Leistung. Wer die Leistungsbereitschaft und das Leistungsvermögen von Menschen nachhaltig sichern und erhöhen will, muss ihnen die Möglichkeit geben, mit anderen zu kooperieren und Beziehungen zu gestalten. Nach Joachim Bauer (2006) ist das menschliche Gehirn in besonderer Weise für Aufgaben prädestiniert, die unter dem Begriff „psychosoziale Kompetenz" zusammengefasst werden. Unser Gehirn ist demnach weniger ein Denk- als vielmehr ein Sozialorgan.

Menschliches Desinteresse, Mangel an Förderung und ungenügende Anforderungen bewirken tendenziell eine Abschaltung des Motivationssystems. Wir sind als soziale und kooperative Wesen konstruiert. Gelingende Beziehungen sind das unbewusste Ziel allen menschlichen Bemühens, da sie mit der Ausschüttung der „Glücksbotenstoffe" Dopamin, Oxytocin und Opioiden einhergehen. Ohne Beziehung gibt es keine dauerhafte Motivation.

Führungskräfte sollten ihre Aufgabe daher nicht bloß darin sehen, einzelne Menschen zu führen, sondern vor allem auch deren Kommunikation und Kooperation durch förderliche Rahmenbedingungen positiv zu beeinflussen und somit den Sozialkörper ihrer Organisation(-seinheit) zu stärken.

Gute Arbeitsbeziehungen sind jedoch bloß notwendige, aber keine hinreichenden Voraussetzungen für Erfolg. Sie können auf Dauer nur dann als emotional positiv empfunden werden, wenn sie mit dem Bewusstsein der Akteure verbunden sind, erfolgreich miteinander zu arbeiten. Es kann vorkommen, dass in einer Organisationseinheit oder in einem Team eine wohlig-kuschelige Atmosphäre herrscht und man sich gegenseitig rücksichtsvoll die unangenehmen Fragen erspart: Welches Ziel hat unsere Arbeit? Entsprechen wir den an uns gerichteten Erwartungen? Es bleibt dann bei allem Wohlbehagen, die Zeit mit netten Arbeitskollegen angenehm zu verbringen, ein diffuses Unbehagen: Soll das alles gewesen sein? Wird uns nicht irgendwann jemand fragen, was wir hier eigentlich tun? Was machen wir dann?

1.3.3. Führung, Narzissmus und Paranoia: die Dosis macht das Gift

Nach Otto Kernberg (2000) arbeiten neben anderen Voraussetzungen Organisationen dann gut, wenn Führung von einer wirksamen und stabilen Autorität wahrgenommen wird.

Bei überzogener Autorität besteht die Tendenz, die Arbeitsbeziehungen dadurch zu (zer-)stören, dass mehr Macht ausgeübt wird, als für die Erledigung der Organisationsaufgaben erforderlich ist. Dies bewirkt Widerstand und/oder erhöht die Wahrscheinlichkeit unmündigen bzw. passiven Verhaltens.

Wenn die Ressourcen des Leiters hingegen geringer sind, als es von der Sache, den Beteiligten und der Situation her erforderlich ist, oder der Leiter seine Autorität nicht wirksam bzw. angemessen ausfüllt, bewirkt dies regressive Tendenzen in der Organisation: Die Klarheit der Aufgabenerfüllung schwindet, in der gesamten Organisation werden die Führungsfunktionen aufgeweicht, die Klarheit der Verteilung von Aufgaben und Zuständigkeiten zwischen Organisationseinheiten geht verloren, es mehren sich unstrukturierte und emotional aufgeladene Gruppen- und Organisationsprozesse.

Regressive Prozesse in Großgruppen wie in Organisationen haben vor allem folgende Merkmale:

- eine unbestimmte Angst vor Aggression („Wenn ich nicht aufpasse, wird mir etwas geschehen.“)
- ein Gefühl der Ohnmacht („Ich sehe die Probleme, kann aber nichts dagegen machen.“)

- ein Bedürfnis, Untergruppen zu bilden, die auf „die anderen“ Aggressionen richten bzw. projizieren („Wir müssen uns eng zusammenschließen, um uns gegen die anderen und deren Aktionen zur Wehr setzen zu können.“)
- Anstrengungen, um persönliche oder Gruppen-Macht über andere zu bekommen („Wir müssen unseren Einfluss erhöhen, um nicht unterzugehen.“)
- Angst, Opfer ebensolcher Prozesse zu werden („Man will uns gefügig machen, unterwerfen.“)
- Wunsch, der Situation zu entkommen („Wer holt mich hier raus?“)
- gleichzeitig ein Gefühl der Auflösung und Ohnmacht, wenn sich jemand von der Gruppe löst („Wer wird der Nächste sein, der geht?“).

Dieser Prozess bewirkt eine wachsende Entfremdung von den Arbeitsaufgaben. Sie treten in den Hintergrund: „Auch ohne unsere Kunden wären wir voll (mit uns) beschäftigt.“

Je länger diese Dynamik andauert, desto schwieriger wird es, rationale und effektive Lösungen zu finden.

Auf Führungskräften lastet in solchen Situationen ein hoher Erwartungsdruck vonseiten der Mitarbeiter. Sie sind mit Wünschen und Bedürfnissen nach Abhängigkeit, Schutz, Versorgung und andererseits nach Konflikt und Rivalität konfrontiert. Mitarbeiter neigen dann dazu, ihre Chefs zu idealisieren. Sie erwarten, dass diese für sie sorgen oder in den Kampf ziehen.

Auch bei optimalen Bedingungen (klare und angemessene Aufgabendefinition und Rollenverteilung sowie Aufgaben- bzw. Dienstleistungsorientierung) in Organisationen gibt es nicht zu unterschätzende Tendenzen, den Leiter narzisstisch oder auch paranoid anzuregen. Im einen Fall werden Neigungen zur Eitelkeit und dazu, sich großartig zu fühlen, angefacht („Sie machen das ganz toll und sind viel besser als die anderen!“), im anderen Argwohn und Misstrauen stimuliert („Ist Ihnen noch nicht aufgefallen, wer Sie aller hintergeht?“).

Diese Tendenz verstärkt sich, wenn der Leiter den Anforderungen persönlich nicht gewachsen ist.

Führungskräfte sind gegen solche Formen regressiven Drucks dann optimal widerstandsfähig, wenn ihre Persönlichkeit neben anderen Eigenschaften auch einen mäßigen Anteil narzisstischer Tendenzen beinhaltet und sie außerdem über ein geringes paranoides Potenzial verfügen.

Ein hoher Grad an persönlicher Sicherheit in nicht eindeutigen oder krisenhaften Situationen und eine relative Unabhängigkeit von sofortigem positivem Feedback bilden die Basis für eine „gesunde Einsamkeit" des Leiters. Es handelt sich hierbei um ein begrenztes Ausmaß an Narzissmus, das in eine insgesamt anpassungsfähige und stabile Persönlichkeit eingebettet ist. Es besteht jedoch die Gefahr, dass die narzisstischen Tendenzen des Leiters durch Schmeichelei u.ä. verstärkt werden. Hieraus kann ein vermindertes selbstkritisches Einschätzungsvermögen und Anfälligkeit für persönliche Korrumpierung erwachsen. Dagegen vermag ein autonomes, reifes, zur Fairness befähigendes Über-Ich als überprüfende und steuernde Instanz schützend zu wirken.

Paranoide Persönlichkeiten fühlen sich ständig verletzt, tendenziell verfolgt, verstehen jedes kritische Feedback als Ungehorsam und erleben ihre Organisation als Festung, hinter deren Mauern die ständige Gefahr einer fünften Kolonne lauert. Von solchen Personen sind jedoch Leiter mit „normaler" paranoider Befähigung zu unterscheiden. Ein völliges Fehlen von Cleverness und Argwohn würde Naivität bedeuten, da das Auftreten von Aggressionen und Ambivalenz, wie sie für alle menschlichen Beziehungen normal und für Organisationen typisch sind, verleugnet würde. Ein Leiter kann es sich nicht leisten, naiv zu sein. Er muss sich bewusst sein, das Ziel von Idealisierung und Regression zu sein.

Wenn jedoch die Haltung des Leiters in ausgeprägte narzisstische oder paranoide Tendenzen umschlägt, beeinflusst er die Organisation negativ und missbraucht sie als Spielwiese für seine psychischen Probleme. Seine Störung führt zu einer gestörten Organisation und zu unreifem Verhalten der Mitarbeiter. Die Orientierung an der Aufgabe und der Sinn für die realen Gegebenheiten gehen verloren.

Ein zentrales Paradoxon von Führung besteht somit darin, dass ein und dieselben persönlichen Eigenschaften, die in einem mäßigen Ausmaß positiv wirken, bei verstärkter Ausprägung höchst nachteilige Effekte für die Organisation bewirken.

1.3.4. Die Klarheit der Hauptaufgabe als zentraler Erfolgsfaktor

Wilfried Bion (1990) entwickelte, u.a. auch aufgrund von Erfahrungen, die er als Leiter eines Psychiatrischen Krankenhauses der britischen Armee machte, ein Konzept, das zwei Haupttendenzen in Gruppen beschreibt. Bion unterscheidet zwischen Gruppen, die in reifer, realitäts- und leistungsorientierter Form ihre Aufgaben erfüllen, und solchen, die in „Grundeinstellungen" (basic assumptions) verhaftet sind. Solche Gruppen zeigen eine häufig unbewusste Tendenz, die Arbeit an der Hauptaufgabe zu vermeiden. Auf diese Weise können sie der Arbeitsrealität entrinnen, wenn sie schmerzlich oder Angst erzeugend ist bzw. Konflikte in oder zwischen Gruppenmitgliedern verursacht. Bion unterscheidet drei Grundeinstellungen:

Abhängigkeit (dependency): Eine Gruppe mit einer solchen Grundeinstellung verfährt, als ob ihre Hauptaufgabe einzig und allein darin bestünde, für die Befriedigung der Wünsche und Bedürfnisse der Gruppenmitglieder zu sorgen. Vom Leiter wird erwartet, dass er die Gruppe nährt und vor äußeren Anforderungen schützt.

Kampf – Flucht (fight – flight): Hier besteht die Grundannahme, dass es eine Gefahr oder einen Feind gibt, der entweder zu attackieren ist oder vor dem man flüchten muss. Möglichkeiten einer differenzierten Auseinandersetzung oder der Erarbeitung einer Lösung, die der Aufgabe und beiden Seiten gerecht wird, werden nicht gesehen. Vom Leiter wird erwartet, dass er diese Sichtweise teilt und seine Leute in den Kampf oder in die Flucht führt.

Zusammenschluss (Pairing): Diese Grundeinstellung beruht auf dem gemeinsamen und unbewussten Glauben, dass, was auch immer die aktuellen Probleme und Bedürfnisse einer Gruppe sein mögen, sie durch ein künftiges Ereignis gelöst werden. Die Gruppe verhält sich so, als ob ein Zusammenschluss zwischen Gruppenmitgliedern oder vielleicht zwischen dem Gruppenleiter und externen Personen die Erlösung bringen würde. Ein konkretes Beispiel: „Wir haben bereits dreimal vergeblich versucht, zusätzliches Personal zu erhalten. Irgendwann wird es schon klappen, auch wenn wir wissen, wie die allgemeine finanzielle Situation ist. Solange wir nicht mehr Mitarbeiter bekommen, macht es keinen Sinn, über Veränderungen unserer Arbeitssituation nachzudenken, geschweige denn solche in Angriff zu nehmen." Vom Leiter wird erwartet, dass er sich bemüht, das zumeist illusionäre Ereignis herbeizuführen und die Gruppe bis dahin nicht mit Leistungsanforderungen oder einem „Plan B" zu dem illusionären Ereignis, wie vereinfachten oder gestrafften Arbeitsprozessen, behelligt.

Diese Grundeinstellungen haben zur Folge, dass die jeweiligen Gruppen massive Probleme haben, Frustrationen auszuhalten, der Realität ins Auge zu sehen, Unterschiede zwischen Gruppenmitgliedern wahrzunehmen, aus Erfahrungen zu lernen und somit wirksam zu arbeiten. Solche Gruppen erwarten von ihren Leitern, dass diese sie in ihren Grundeinstellungen bestärken und unterstützen. Leiter, die diesen Anleitungen nicht entsprechen, lösen Enttäuschung und Ablehnung hervor, werden entwertet, gemieden oder bekämpft. Die Wahrscheinlichkeit des Auftretens der beschriebenen Grundeinstellungen ist umso geringer, je klarer die Aufgabe ist.

Das Bion'sche Konzept ist in Zusammenhang mit dem Begriff der Primäraufgabe von Ken Rice (2000) zu sehen. Die Primäraufgabe ist die vordringliche Aufgabe, die eine Organisation ausfüllen muss. Sie beschreibt den zentralen Zweck einer Organisation, auf den sich diese immer wieder einigen muss. Diese Primäraufgabe ist nach Larry Hirschhorn (2000) nicht naturwüchsig vorgegeben, sie ist in der Auseinandersetzung mit den wichtigen Umwelten (Kunden, Anspruchsgruppen, Auftraggeber) zu präzisieren und in organisationsinternen Kommunikationen und Entscheidungsfindungen umzusetzen. Die zentralen Fragestellungen lauten:

- Was ist unsere Hauptaufgabe?
- Was ist demzufolge nicht die Hauptaufgabe?
- Wie gehen wir mit Unterschieden und Spannungsfeldern zwischen der Hauptaufgabe und Erwartungen von Kunden und Anspruchsgruppen sowie auch unseren persönlichen Präferenzen um?
- Woran erkennen wir, ob unsere Arbeitsergebnisse der Hauptaufgabe entsprechen?

Dieser Definitionsprozess ist erforderlich, da es im Hinblick auf die Hauptaufgabe eine Zone von Unklarheiten und Mehrdeutigkeiten gibt, also einen Raum, der durch Entscheidungen zu präzisieren ist.

Solche Entscheidungen stehen umso mehr an, je diffuser, widersprüchlicher und überfordernder die Erwartungen der Kunden und anderer Stakeholder sind. Im öffentlichen und im NPO-Bereich spielen auch die Politik und verschiedene Verwaltungskörper bedeutsame Rollen. Mit der Klärung und Schärfung der Primäraufgabe können Führungskräfte offensiv und konstruktiv umgehen, indem sie mit den Mitarbeitern eine Aufgabendefinition erarbeiten, die aus interner Sicht möglich und zugleich inspirierend ist. Gegenüber den Stakeholdern geht es bei Vorhandensein von Zielkonflikten nicht darum, deren Erwartungen möglichst weitgehend zu erfüllen, sondern diesen in einem Ausmaß gerecht zu werden, das die Wahrscheinlichkeit ernsthafter Schwierigkeiten gering hält. Die Hauptaufgabe sollte jedenfalls so definiert werden, dass sie den Mitarbeitern die Möglichkeit gibt, den Anforderungen und Problemlagen jener Menschen gerecht zu werden, für die die Organisation Leistungen erbringt.

Man sollte jedenfalls übergroße Ängstlichkeit vor Risiken in Bezug auf Entscheidungen über die Hauptaufgabe vermeiden. Das Risiko, sich durch eine klare Definition der Hauptaufgabe angreifbar zu machen und sich der Kritik auszusetzen, ist geringer als das, durch Orientierungslosigkeit leistungshemmende Grundeinstellungen zu stimulieren.

Sind hingegen die beschriebenen Grundeinstellungen einmal wirkmächtig, sind Leiter besonders gefordert, sich von ihnen nicht infizieren zu lassen, sondern als Gegenstrategie geduldig und nachhaltig die Wichtigkeit der Hauptaufgabe und ihrer Bearbeitung zu betonen und vorzuleben. Wie auch bei anderen Leitungsproblemen kann man zumeist nicht auf rasche und weitgehende Erfolge setzen. Vielmehr ist ein langer Atem erforderlich („Ich werde nicht aufgeben, und je eher das die anderen bemerken, desto schneller werden sie aufgeben oder zumindest nachlassen.")

In der Praxis scheitern Führungskräfte nicht selten bei der Durchsetzung von Anliegen, die auf Widerstand stoßen, daran, dass sie diese mit einer gewissen Ambivalenz verfolgen, die in aller Regel bemerkt wird. Ein auf diese Weise zusätzlich angeregter Widerstand, der bei konsequentem Vorgehen von nicht allzu langer Dauer und Intensität wäre, führt dann zu der persönlichen Schlussfolgerung vonseiten der Führungskraft: „Ich habe mir gleich gedacht, dass es nicht klappen wird."

1.3.5. Autorität als subtilste Form der Machtausübung

Eine der gängigsten Definitionen von Macht stammt von Max Weber und lautet: „Macht bedeutet jede Chance, innerhalb einer sozialen Beziehung den eigenen Willen auch gegen Widerstreben durchzusetzen, gleichviel, worauf diese Chance beruht. … Alle denkbaren Qualitäten eines Menschen und alle denkbaren Konstellationen können jemand in die Lage versetzen, seinen Willen in einer gegebenen Situation durchzusetzen."

Aus einer systemischen Perspektive lässt sich ergänzen, dass in einer konkreten Situation das jeweilige Machtgefälle aus der unterschiedlichen Verfügbarkeit von alternativen Optionen besteht. Je mehr alternative Möglichkeiten ein Mitarbeiter am Arbeitsmarkt hat, desto größer ist seine Verhandlungsmacht in seiner Firma, umso mehr kann er sich wohl auch „etwas erlauben". Eine Firma, die glaubwürdig drohen kann, ihre Produktion in ein Billiglohnland zu verlagern, hat gegenüber ihren Mitarbeitern größere Macht als ein Dienstleistungsbetrieb, der seine Mitarbeiter unmittelbar vor Ort benötigt. Die Machtverteilung ist jedoch nie völlig einseitig. Mitarbeiter üben generell Einfluss auf ihre Vorgesetzten aus, führen sie also in einem gewissen Sinn. Kinder erziehen aufgrund ihres fallweise durchaus wirkmächtigen Verhaltens auch ihre Eltern. Der Anordnungsmacht von Vorgesetzten steht die Durchführungsmacht der Mitarbeiter gegenüber. Je weniger die Arbeitsleistung gleichförmig standardisiert werden kann, umso größer ist der Gestaltungsraum der Mitarbeiter.

Aber auch Standardisierungen stimulieren Formen der Gegenmacht. Um ein Beispiel zu bringen: In einer Organisation gibt es die Vorgabe, pro Woche eine bestimmte Zahl an Geschäftsfällen schriftlich zu erledigen. Die Mitarbeiter befürchten, bei einer Häufung besonders komplexer Fälle in Rückstand zu geraten und als Minderleister dazustehen. Sie legen daher jeweils einige einfach zu erledigende Fälle auf Vorrat, lassen sie also in der Erledigung zurück, um sie bei einer Häufung schwieriger Fälle in deren Erledigung „dazumischen" zu können. Das Ergebnis ist schlecht für die Menschen, die hinter den schnell zu erledigenden Geschäftsfällen stehen, aber gut für die Mitarbeiter, weil sie ihre Belastung besser steuern können und gut für die Vorgesetzten, weil sie sich und andere in der Illusion wiegen können, über ein effizientes Steuerungssystem zu verfügen. Das Beispiel zeigt auch, dass einseitige Machtausübung, die nicht die Situation der Machtunterworfenen berücksichtigt, von den Machthabern nicht beabsichtige Auswirkungen haben kann.

Macht kann in verschiedener Weise ausgeübt werden. Heinrich Popitz (1992) unterscheidet vier Grundformen der Macht:

1. ***Verletzungskraft***, verletzende Aktionsmacht hat der Mensch nicht nur in physischer, sondern auch in psychischer Hinsicht. Solche psychischen Verletzungen können in Unternehmen eine große Rolle spielen. Sie haben in den letzten Jahren erhöhte Aufmerksamkeit erhalten. Dies ist an der Karriere der Begriffe „Mobbing" (systematische und am Arbeitsplatz zugefügte psychische Verletzungen) und „Bossing" (Mobbing durch Vorgesetzte) zu ersehen.
2. ***Instrumentelle Macht*** ist das Geben- und Nehmen-Können, die für die Betroffenen glaubhafte Verfügung über Strafen und Belohnungen. Die Macht des Drohens und Versprechens ist die typische Alltagsmacht, die alltägliche Form der Durchsetzung von Willen und Interessen. Jedes langfristige Machtverhältnis beruht auch auf instrumenteller Macht. Dies trifft ebenfalls für Arbeitsverhältnisse zu.
3. Unter ***datensetzender Macht*** versteht Popitz die Macht der Gestaltung von Lebensbedingungen. Beispiele in der Arbeitswelt sind die Etablierung eines neuen EDV-Dokumentationssystems oder die Anordnung und Ausgestaltung von Arbeitsräumen und deren Infrastruktur.
4. ***Autorität*** ist eine besonders wirksame Form der Machtausübung, da sie zu Anpassungen führt, die über den äußeren Kontrollbereich der Autoritätsperson hinausreichen. Anerkennung von Autorität bedeutet immer auch psychische Anpassung. Autoritätsbeziehungen gehen unter die Haut. Autoritätsabhängige sehen sich selbst auf die Finger. Sie beurteilen ihr eigenes Verhalten im Sinne der Autorität, deren Kriterien und Perspektiven sie übernommen haben. Wer Autorität besitzt, hat es nicht nötig, „grobe" Mittel anzuwenden. Er kann auf die Drohung mit physischen und materiellen Strafen verzichten. Autorität ist – oder erscheint – gleichsam waffenlos, als ein Erfolg der leisen Mittel. Autoritätsbindungen beruhen auf dem Bestreben, von anderen anerkannt zu werden. Autorität üben

Personen aus, deren Anerkennung als besonders dringlich empfunden wird. Methoden autoritativer Machtausübung sind das Geben und Nehmen von Anerkennung und Anerkennungserwartungen (Hoffnungen, Befürchtungen).

Unsere Identität entsteht in den ersten Lebensjahren in sozialen Beziehungen. Das kleine Kind lernt sich kennen und verstehen, bekommt ein Verständnis von sich selbst und seiner Bedeutung anhand der Reaktionen seiner Bezugspersonen auf sein Verhalten. Je nachdem, wann und wie häufig die Mutter, der Vater oder jemand anderer Bedeutungsvoller bestätigend lächelt, es auslacht oder einfach wegschaut, entsteht ein bestimmtes Selbstwertgefühl. Diese Dynamik streift der Mensch auch in seinem weiteren Leben nicht ab. Sie bestimmt, wie sich ein Mensch potenziellen Autoritätspersonen gegenüber verhält, ob er sie als solche wahrnimmt und anerkennt, ob er sich eher an ihnen reibt oder tendenziell geneigt ist, sich ihnen zu unterwerfen, oder ob er eine reife, vertrauensvolle und zugleich kritische Beziehung aufbaut. Autorität ist nicht etwas, das man hat, sondern etwas, das man erhält. Sie ist ein Beziehungsphänomen, erklärlich nur durch das Zusammentreffen von Eigenschaften bestimmter Personen in bestimmten Konstellationen.

Wer über uns Macht hat, können wir uns häufig nicht aussuchen – wohl aber, wem wir Autorität über uns verleihen oder besser gesagt, wem wir es gestatten, für uns eine Autorität darzustellen. Wir können uns entscheiden, ob wir innerlich vor einem „Kaiser" in die Knie gehen oder uns sagen: „Er ist ja nackt". Andererseits genügt es nicht, dass wir die uns zur Verfügung stehende Macht ausspielen, wenn wir für andere Menschen Autoritäten darstellen wollen. Vielmehr müssen wir unsere innere Haltung, die Kommunikation und unser Verhalten so gestalten, dass wir als Autoritäten empfunden werden. Dies ist der wesentliche Unterschied zwischen Autorität und autoritärem Verhalten, das in einem überschießenden Gebrauch von Machtmitteln besteht.

Die Autorität, über die „Hierarchen", so auch Führungskräfte, verfügen, ist zunehmend nicht durch das Amt, die Funktion gegeben, sondern von Einschätzungen ihrer Qualitäten, ihres Verhaltens und ihrer Leistung abhängig. Im 21. Jahrhundert verleiht nicht das Amt an sich Autorität, sondern vielmehr die Art, wie es ausgeübt wird. Autorität muss sich zunehmend kritischen Fragen stellen. Sie wird auf diese Weise begreifbar in des Wortes doppelter Bedeutung. Die Autoritätspersonen lassen sich und ihre Form der Wahrnehmung von Autorität in Frage stellen. Sie akzeptieren Kritik, da sie wissen, dass nur kritische Loyalität eine wertvolle Loyalität darstellt.

1.3.6. Der Beitrag der Verhaltensökonomie: Fairness als zentrale Kategorie

Die Verhaltensökonomie beschäftigt sich mit ökonomischen Entscheidungen von Menschen in Interaktionssituationen. Ein berühmtes Beispiel ist das Ultimatumspiel mit zwei Akteuren (siehe hierzu Arnim Falk, Urs Fischbacher 2006): Einer bekommt vom Versuchsleiter zehn Euro. Diesen Betrag kann er nach Belieben mit der anderen Person teilen, wobei der andere die Aufteilung entweder akzeptieren oder den Vorschlag ablehnen muss. Wenn er die Aufteilung akzeptiert, wird das Geschäft gemacht. Wenn er ablehnt, bekommen beide nichts. Nach dem traditionellen ökonomischen Modell würde man erwarten, dass jemand akzeptiert, wenn er von zehn Euro nur einen abbekommt, denn das ist besser als nichts. Im Labor passiert aber etwas anderes: Angebote, die bei weniger als 40 Prozent liegen, werden regelmäßig abgelehnt. Lieber hat der eine gar nichts, als dass der andere 80 Prozent für sich behalten darf. Er bestraft ihn also und ist auch bereit, die Kosten dessen zu tragen.

In einem ähnlichen Experiment (siehe hierzu Ernst Fehr und Simon Gächter 2000) hat der Spieler, der das Geld bekommt, nur zwei Möglichkeiten: Er kann entweder den Vorschlag machen, acht Euro für sich zu behalten und zwei abzugeben, oder er macht halbe-halbe. Wählt er acht für sich, lehnt sein Gegenüber meistens ab. Der Spieler wird dafür bestraft, dass er nicht halbe-halbe gemacht hat. Im Experiment wird auch mit einer anderen Regel gearbeitet: Der erste Spieler bekommt zehn Euro, aber er bekommt keine Wahlmöglichkeit, er darf nur zwei anbieten und acht behalten. Hier akzeptiert Spieler 2 im Regelfall das Angebot. Das heißt: Obwohl in beiden Spielen die Konsequenz dieselbe ist, wird einmal abgelehnt und einmal nicht. Der Unterschied liegt in der Intention. Im ersten Fall hätte der Chef die Möglichkeit gehabt, fair zu sein, war es aber nicht. In der Variante 2 hat er die

Möglichkeit, nett zu sein, gar nicht. Wofür soll man ihn dann bestrafen? Unsere Wahrnehmung ist also nicht nur durch die Fakten getrieben, sondern auch durch die Absichten, die dahinterstehen.

Fairness hat auch bei der Belohnung von kooperativem, großzügigem Verhalten eine hohe Bedeutung. Dies ist im sogenannten Vertrauensspiel zu beobachten: Wieder gibt es zwei Akteure, diesmal bekommt jeder zehn Euro. Der erste Spieler kann nun dem zweiten jeden Betrag zwischen null und zehn Euro überweisen. Die Summe, die er überweist, wird vom Experimentator verdreifacht. Vertrauen kann sich also lohnen: Angenommen, der erste Spieler überweist alles, dann hätte der zweite Spieler 40 Euro (seine 10 Euro plus die 30 aus der Überweisung). Der erste Spieler hätte zu diesem Zeitpunkt aber nichts. Jetzt ist der zweite Spieler am Zug: Er kann jeden Betrag zurücküberweisen, diese Überweisung wird aber nicht verdreifacht. Im Labor handelt es sich um eine anonyme Interaktion, die Teilnehmer kennen sich nicht. Trotzdem ist es in den meisten Fällen so, dass der zweite Spieler etwas zurückgibt, wenn der erste etwas überwiesen hat. Er verhält sich also bedingt kooperativ.

Die Erfahrung von Unfairness hat direkte Auswirkungen auf unseren Körper. Dies zeigt folgender Laborversuch (Arnim Falk 2009): Es gab jeweils zwei Teilnehmer. Einer bekommt die Rolle des Chefs, der andere die des Untergebenen. Der Untergebene bekommt Blätter mit Nullen und Einsen. Er muss die Nullen zählen und in den Computer eingeben, eine sehr monotone Aufgabe. Wenn das Ergebnis stimmt, erwirtschaftet er mit jedem Blatt einen Mehrwert von drei Euro. Am Ende darf der Chef das Geld zwischen beiden aufteilen. Der Chef macht nichts. Seine Aufgabe ist es nur, hinterher den „Arbeiter" nach eigenem Ermessen zu bezahlen. Eine Aufteilung wie im richtigen Leben: Kapital und Arbeit. Wenn der Untergebene eine gewisse Summe erwirtschaftet hat, fragt ihn der Leiter des Experiments: Was wäre denn ein fairer Anteil? Im Schnitt verlangen die Arbeiter etwa zwei Drittel. Die Chefs geben ihnen aber nur etwa 40 Prozent. Es entsteht also eine Diskrepanz zwischen dem, was der Arbeiter fair finden würde, und dem, was er tatsächlich bekommt. Mittels EKG kann man an seiner Herzfrequenz ablesen, wie gestresst er ist. Je stärker die Bezahlung von dem abweicht, was der Arbeiter als fairen Anteil genannt hat, desto schlimmer sind die Stress-Symptome. Dies ist nicht unwichtig, weil Stress die Hauptursache für Herzerkrankungen in westlichen Ländern ist. Fairness hat also eine unmittelbare physiologische Konsequenz.

In anderen Experimenten (Fehr und Gächter 2006) wurde mehreren Personen die Entscheidung eröffnet, ihr Kapital für sich selbst zu behalten oder zum gemeinsamen Nutzen zu investieren. Dies bedeutet, dass der zur Verfügung gestellte Betrag vervierfacht wird und an alle Mitspieler verteilt wird. Es zeigt sich typischerweise, dass zunächst eine hohe Bereitschaft besteht, zum allgemeinen Nutzen zu handeln. Mit Fortgang der Spielrunden erhöht sich jedoch die Zahl der Trittbrettfahrer (freerider). Wenn man die Möglichkeit einbaut, dass diese Trittbrettfahrer durch Abzüge beim Spielkapital bestraft werden, erhöht sich die Orientierung am Gemeinwohl deutlich. Dieses „altruistische Bestrafen" fördert die Kooperation und erfolgt auch in den Fällen, in denen hohe Kosten für die Einforderer von Strafen entstehen, da diese für initiierte Strafen selbst Abzüge erhalten. Mit bildgebenden Verfahren konnte dargestellt werden, dass bei Personen, die zur Aufrechterhaltung von Fairness Strafsanktionen veranlassten, im Regelfall das Belohnungszentrum des Gehirns eine erhöhte Aktivität hat. Kosten für das Einfordern von Fairness machen sich somit bezahlt, weil solche Initiativen als befriedigend erlebt werden.

Vertrauen hat ganz allgemein eine biologische Basis. Bei neuroökonomischen Experimenten im Labor des Ökonomen Paul Zak (2009) wurde herausgefunden, dass das menschliche Gehirn ein altes Säugetierhormon namens Oxytocin ausstößt, wenn ein Fremder einem anderen Vertrauen schenkt, indem er ihm eine gewisse Summe gibt, die entweder zurückgezahlt oder gestohlen werden kann. Oxytocin ist in entwicklungsgeschichtlich alten Arealen unseres Gehirns aktiv, außerhalb unseres Bewusstseins. Man hat einfach das Gefühl, dass es richtig ist, mit jemandem zu teilen, der einem vertraut hat. Zak zufolge sind wir so „verschaltet", dass wir kooperieren wollen, und wir finden es ebenso lohnend, wie unsere Gehirne ein gutes Essen oder Sex als lohnend empfinden. Vertrauen verursacht eine Erhöhung des Oxytocins. Eine Erhöhung des Oxytocinspiegels (durch Nasenspray) erhöht wiederum signifikant die Bereitschaft, Geld zu teilen. Hiervon gibt es jedoch Ausnahmen. Etwa zwei Prozent der Versuchspersonen waren in keiner Weise zur Kooperation bereit. Im Labor von Zak lautet der Fachausdruck für solche Leute „Bastards", also Halunken.

Für Führungskräfte lässt sich daraus ableiten, dass das Vorleben und die Garantie von Fairness eine zentrale Bedingung für gute Leistungen und gute Zusammenarbeit sind. Dies bedeutet, die Arbeit und die Honorierung von Leistung im weitesten Sinne, also auch durch Aufmerksamkeit und Anerkennung, fair zu verteilen, aber auch, gegen Trittbrettfahrer, also Mitarbeiter, die ihre Arbeit auf Kollegen abladen, vorzugehen. Hierbei kann man davon ausgehen, dass sich bei entsprechend förderlichen Rahmenbedingungen die überwiegende Mehrheit der Mitarbeiter kooperativ und fair verhält, eine kleine Minderheit jedoch genauerer Kontrolle und angemessener Sanktionierung bedarf.

1.3.7. Führung als Organisation von Selbstorganisation

Mentale Modelle, denen zufolge Menschen und Organisationen im Sinne eines Ingenieurmodells wie Maschinen gesteuert werden können, sind nicht zielführend. Ähnlich wie Menschen können soziale Systeme, also Organisationen, Organisationseinheiten oder Teams, nicht wie eine Maschine gesteuert werden, sondern reagieren entsprechend ihrer Eigenarten auf Steuerungsimpulse, z.B. Befehle oder Zuwendung, individuell verschieden.

In der Systemtheorie werden lebende Systeme, also auch Menschen und Organisationen, als sogenannte nicht-triviale Maschinen bezeichnet, zum Unterschied von Trivialmaschinen (Fritz Simon und Conecta 2006, Fritz Simon 2007). Diese, wie z.B. elektronische Geräte oder Autos, produzieren als Reaktion auf einen bestimmten Input einen vorhersehbaren Output, es sei denn, sie sind reparaturbedürftig.

Nicht-triviale Maschinen sind hingegen eigensinnig und eigenwillig. Ihre inneren Zustände sind von außen her zwar irritierbar, aber nicht nach einem Ingenieurmodell steuerbar. Auf ein und denselben kommunizierten Reiz können ein Mensch oder eine Organisation zu verschiedenen Zeitpunkten je nach ihrer Verfasstheit gänzlich verschieden reagieren. Andere wieder reagieren, gleich wie man ihnen kommt, immer wieder in ziemlich ähnlicher Form.

Die Systemtheorie spricht auch von Autopoiese. Lebende Systeme sind demzufolge so organisiert, dass sie sich aus sich selbst heraus nach ihrem eigenen Operationsmodus ständig erneuern. Dies gilt für unseren Körper, auch für unser Gehirn, das sich ohne steuernde zentrale Instanz ständig verändert. Es trifft auch auf Organisationen zu, die entsprechend ihrer Struktur und Organisationskultur über für sie eigentümliche Operations- und Entscheidungsmuster verfügen. Die Organisationskultur bezeichnet man Ed Schein folgend auch als kulturelle DNA. Den leicht beobachtbaren äußeren Erscheinungen (z.B. Internetauftritt, Ausgestaltung der Arbeitsräume, Kundenkontakte) liegen Verhaltensnormen, auch informelle, und Verhaltensmuster zugrunde. Diese beruhen auf Grundannahmen bzw. mentalen Modellen, die als Selbstverständlichkeiten häufig den Akteuren nicht bewusst sind. So kann hinter einem Unternehmensleitbild „Der Mensch ist Mittelpunkt“ die Grundannahme stecken: „Der Mensch ist Mittel. Punkt.“

Lebende Systeme definieren sich in hohem Ausmaß über ihre Umweltbeziehungen. Die Verarbeitung der Umweltreize erfolgt aber nach der Eigengesetzlichkeit des jeweiligen Systems. Es sieht, was es sieht, und sieht nicht, was es nicht sehen kann oder nicht sehen will. Dies erklärt, wieso Menschen mit festgefügten Meinungen und Verhaltensweisen mit Sachargumenten häufig schlecht erreichbar sind, oder auch, warum manche, durchaus auch sehr erfolgreiche Unternehmen Veränderungen am Markt viel zu spät bemerken oder politische Parteien ihre Art, Politik zu betreiben, auch dann beibehalten, wenn ihre Wählerschaft über mehrere Wahlen hinweg deutlich rückläufig ist.

Insofern ist es nicht verwunderlich, dass Niklas Luhmann (2010) das Gelingen von Kommunikation als unwahrscheinlich bezeichnet hat. Ob Mitarbeiter auf eine organisationale Neuerung begeistert, lethargisch oder subversiv reagieren, ist von außen her lediglich begrenzt beeinflussbar, aber nicht determinierbar. Unsere besten Absichten können als Zumutung erlebt werden, unsere Bemühung, Störungen zu vermeiden, eben solche herbeiführen. Einflüsse sind unter dem Motto „Beachten Sie die unbeabsichtigten Wirkungen!“ möglich. Steuerbar, wie es der Kapitän von der Brücke seines Schiffes her vermag (aber auch nur, solange sein Schiff Wind und Wellen gewachsen ist), sind lebende Systeme nicht.

Daraus ergibt sich, dass Menschen eine Verantwortung für sich selbst haben, die ihnen nicht abgenommen werden kann. Mündiges Verhalten wird somit wahrscheinlicher, wenn diese Verantwortung aufgezeigt, begünstigt und gefördert wird. Unmündiges Verhalten gedeiht in Biotopen, die durch

Bevormundung, Engführung oder auch Überfürsorge gekennzeichnet sind, besonders gut. Das Grunddilemma menschlicher Existenz zwischen Autonomie und Bindung stellt sich hier folgendermaßen dar: Uns ist die eigene Nicht-Trivialität, unsere Selbstbestimmung ein Anliegen. Uns ist es aber ebenso ein Anliegen, dass sich unsere Umwelt – von der Familie, über Chefs bis hin zu Mitarbeitern – so verhält, wie wir es wollen. Um dieses Dilemma in Organisationen handhabbar zu machen, wurde folgendes Managementmodell entwickelt:

Die laufende Leistungserbringung wird durch triviale Grenzziehung gesteuert. Man geht davon aus, dass sich alle Mitarbeiter so verhalten, wie sie es sollen, und trachtet, Abweichungen nach einem Reparaturmodell – kurzfristige Beseitigung der Störung – zu korrigieren. Wenn Personen und Organisationen handlungsfähig bleiben wollen, können sie nicht ständig über sich selbst existenziell nachdenken. Produktiv zu sein erfordert über weite Strecken, schlicht zu arbeiten und Leistungen zu erbringen. In bestimmten Phasen ist es jedoch angebracht, die Arbeitsbeziehungen und die Leistungserbringung zu thematisieren und weiterzuentwickeln.

Hier bekommt die Nicht-Trivialität, die Eigen-Sinnigkeit und die Eigen-Willigkeit der Akteure Zeit und Raum. Nicht-triviale Steuerung bedeutet gemeinsame Reflexion und gemeinsame Rahmenvereinbarungen.

Schlüsselmerkmale nicht-trivialer Steuerung sind:

- Reflexion der Leistungserbringung, der Arbeitsbeziehung, der Entwicklungen in den wichtigen Umwelten
- gemeinsame Vereinbarung der Rahmenbedingungen, der Spielregeln, des Ressourceneinsatzes, der zu erbringenden Leistungen und ihrer Qualität, von Terminen und Zeiten, von Formen der Überprüfung der Vereinbarung

Diese nicht-triviale Steuerung ist durch verschiedene Instrumente realisierbar:

- Mitarbeitergespräche, also periodische, aus der laufenden Kommunikation abgehobene Gespräche, die in Zielvereinbarungen und Entwicklungs- und Fördermaßnahmen münden.
- Klausuren von Teams bzw. Organisationseinheiten

- Zielvereinbarungen: Aufbau einer Verbindlichkeit, die von beiden Seiten getragen wird, etwa zwischen: Leiter – Mitarbeiter, oder: Leiter – Team, oder: Auftraggeber – Projektleiter
- Großgruppenveranstaltungen, die raschen Wandel in Organisationen fördern

Gemeinsam sind all diesen Interventionsformen insbesondere zwei Kalküle:

Die Eigen-Sinnigkeit und Eigen-Willigkeit von Menschen und Organisationen bedingt, dass nur das Chancen hat, in der Arbeit wirklich gelebt zu werden, was auf einem gemeinsamen Bild von der Wirklichkeit beruht, beispielsweise gemeinsame Vorstellungen darüber, was von der Organisation und ihren Mitarbeitern erwartet wird, was ihre Stärken und Schwächen sind, welche Konfliktpotenziale vorhanden sind. Erfolgreiche Leistungserbringung setzt voraus, dass die an sich geringe Wahrscheinlichkeit, dass Kommunikation gelingt, durch gezielte Interventionen erhöht wird.

In Organisationen wird nur das wirklich gelebt, was zumindest auch Anteile von Selbstverpflichtung der handelnden Personen hat. Nicht-triviale Steuerung bedeutet, bei gegebenem hierarchischen Gefälle oder auch unter Gleichgestellten solche Vereinbarungen zu treffen, die den Verpflichtungen, Möglichkeiten und Präferenzen aller Beteiligten einigermaßen gerecht werden, die von allen unterschrieben werden können oder noch besser – dieses Ritual hat viel für sich – auch tatsächlich unterschrieben werden.

Lebende Systeme sind in eine Umwelt eingebettet, von denen ihr Überleben abhängt. Was dem Frosch sein Tümpel, ist dem Unternehmen sein Markt, ist einer Behörde Politik und Rechtsprechung, sind beiden gesellschaftliche und makroökonomische Veränderungen. Wenn sich die Umwelt verändert, entsteht ein Anpassungsdruck auf die Leistungserbringung. Will man die Qualität der Beziehung zu den relevanten Umwelten aufrechterhalten, muss sich der Modus von Selbstdarstellung und/oder Leistungserbringung ändern. Es muss sich etwas ändern, damit es gleich bleibt. Anders gesagt: Entweder man verändert sich oder man wird verändert. Ein Problembewusstsein hierfür kann nur entstehen, wenn es einer Organisation gelingt, einerseits die Umwelten zu beobachten und mit ihnen im Austausch zu stehen, andererseits im Binnenbereich wirkungsvoll über die Umweltbeziehungen zu kommunizieren. Rechtzeitige Veränderungen scheitern häufig daran, dass die Unausweichlichkeit von geänderten Verhältnissen in den wichtigen Umwelten den Mitarbeitern nicht ausreichend vermittelt wird.

Je mehr Organisationen unter Bedingungen der Unübersichtlichkeit, Mehrdeutigkeit und Turbulenz, also von ständigen raschen und markanten Veränderungen in den relevanten Umwelten geprägt, arbeiten, je häufiger sie sogenannte bösartige, also nicht wirklich lösbare Probleme zu bearbeiten haben, desto weniger können sie nach einem bürokratischen oder technokratisch-linearen Modell gesteuert werden, desto mehr bedürfen sie nicht-trivialer Steuerung.

Um nochmals auf das Phänomen der Selbstorganisation (Humberto Maturana, Francisco Varela 1990) zu sprechen zu kommen: Selbstorganisation ist ein zentrales Wesensmerkmal von lebenden Systemen, somit auch von Organisationen, das für sich genommen weder gut noch schlecht ist. Selbstorganisation ist nicht mit Demokratie zu verwechseln. So können Auffälligkeiten im Verhalten eines Kindes auch so verstanden werden, dass es als Symptomträger in der Selbstorganisation des Familiensystems fungiert.

Um Organisationen zu thematisieren: In einem Team werden in einem klaren, überschaubaren Rahmen ohne detaillierte Absprachen in gelingender Selbstorganisation gute Leistungen erbracht, in einem anderen führen paranoide Tendenzen des Leiters zu einer destruktiven Stimmung, die als reaktive Selbstorganisation des Teams verstanden werden kann. Wenn die Aufmerksamkeit des Leiters vor allem darauf gerichtet ist, Fehler seiner Mitarbeiter aufzuspüren und diese deshalb gegeneinander auszuspielen, reagieren diese typischerweise mit wechselseitigen Schuldzuweisungen und Intrigen. Sich selbst abzusichern und andere zu schwächen erscheint funktionaler, als sich gemeinsam um gute Arbeitsergebnisse zu bemühen.

Die Art und Weise, wie man kommuniziert, kooperiert, Entscheidungen trifft und Leistungen erbringt, unterliegt einer Eigendynamik, die zwar durch Vorgaben, Ressourcen, Rahmenbedingungen u.a. beeinflusst wird, aber nicht genau determiniert werden kann. Es ist möglich, durch bewusste und qualitätsvolle Führungsarbeit erwünschtes Verhalten wahrscheinlicher und unerwünschtes Verhalten unwahrscheinlicher zu machen. Garantien und Sicherheiten hierfür gibt es jedoch keine.

Führungskräfte sollten nicht mit der direkten Umsetzung ihrer Führungsimpulse im Maßstab 1:1 rechnen, sondern sich bewusst sein, dass sie Prozesse der Selbstorganisation zu gestalten haben. Hier ist die Führungskraft gefordert, immer wieder aufs Neue nachzujustieren, indem sie interveniert, beobachtet, was daraufhin geschieht, und auf dieser Grundlage wieder neue Akzente in die gewünschte Richtung setzt. Es kommt ein Feedbackprozess in Gang, ein Regelkreis zwischen Führungsinterventionen und Reaktionen der Mitarbeiter sowie anderer Personen(-gruppen). Die Begrenztheit von längerfristiger Planung und die Unvorhersehbarkeit der Zukunft erfordern kleine Schritte. Bereits wenige Informationen genügen, erste Hypothesen zu bilden. Diese vorläufigen Annahmen werden in Handlungsschritte umgesetzt. Deren Ergebnisse führen zu neuen Informationen, neuen Hypothesen und neuen Handlungen usw. Diese Vorgehensweise bezeichnen Roswita Königswieser und Alexander Exner (1998) als „Systemische Schleifen". Diese Schleifen sind jedoch nicht reaktiv-aktionistisch anzulegen, sondern in Richtung auf die wohl definierte, klare Hauptaufgabe zu ziehen.

Führen bedeutet Organisation von Selbstorganisation. Dementsprechend sollten Führungskräfte folgende Grundhaltungen haben:

- Mut, unter Bedingungen von Ungewissheit und Mehrdeutigkeit Orientierung zu geben und Entscheidungen zu treffen
- Demut und Gelassenheit in Bezug auf ihre begrenzten Möglichkeiten gegenüber Eigensinnigkeiten und Eigenwilligkeiten
- Verbindlichkeit und Klarheit, um einen wirksamen Rahmen für Selbstorganisation zu schaffen
- Kritikfähigkeit, auch, um offen für die Erweiterung ihrer begrenzten Informationsbasis über die Mechanismen der Selbstorganisation in ihren Bereichen zu sein
- Vertrauen in die Ressourcen ihrer Mitarbeiter, auch im Hinblick auf Selbstorganisationsfähigkeit
- Wachheit und Wachsamkeit gegenüber Entwicklungen der Selbstorganisation, die die gute Erledigung der Aufgaben gefährden (können)
- Bereitschaft, einerseits gut funktionierende Selbstorganisation nicht zu stören, andererseits rechtzeitig Interventionen zu setzen, wenn dysfunktionale Formen der Selbstorganisation erkennbar sind.

Führungskräfte haben unter anderem folgende Möglichkeiten, Selbstorganisation zu beeinflussen:

- → Wirken als Vorbild, als gute Autorität
- → Erzeugen von Sinn, Visionen und Zielen (kein Deutungsmonopol beanspruchen, wohl aber die Verantwortung hierfür wahrnehmen)
- → Einrichten und Pflegen eines Kommunikations- und Entscheidungssystems
- → Treffen von Vereinbarungen und deren Überprüfung (Delegation, Zielvereinbarungen, Projektaufträge …); in den Vereinbarungen sollten enthalten sein: Ziele, Regeln, Erfolgskriterien, positive und negative Konsequenzen bei erwünschten/nicht erwünschten Handlungen und Resultaten
- → aktives Management der Beziehungen zu den relevanten Umwelten
- → informelle Kommunikation
- → Erkennen von Konflikten und deren Lösung
- → Geben angemessener Unterstützung
- → Schaffen von Räumen für Reflexion und Weiterentwicklung (persönlich, mit den einzelnen Mitarbeitern, im Gesamtsystem, für das man verantwortlich ist).
- → Mit dem letzten Punkt ist nochmals der rote Faden angesprochen, der sich durch dieses Kapitel zieht: kritische Auseinandersetzung mit sich selbst, der sozialen Umgebung, dem Wesensgehalt der Arbeit sowie den Zusammenhängen und Wechselwirkungen zwischen diesen Faktoren. Schlicht formuliert geht es um:
- → Was mache ich mit meiner Arbeit?
- → Was mache ich mit den dort arbeitenden Menschen?
- → Was machen diese Menschen mit mir?
- → Was macht meine Arbeit mit mir?

Kapitel 2:

Gesundes Führen braucht Wissen über Gesundheit und Gesundheitsförderung

2.1. Gesundheit im Betrieb

Gesundheit ist als Megatrend längst etabliert: Kaum ein Medium verzichtet auf Gesundheitsbeilagen, die mit den dazugehörigen Produktplatzierungen garniert sind. Lebensmittelregale sind mit „gesunden" Produkten gefüllt, die meistens mit dem Zusatz „light" oder „biologisch" versehen sind. Gesundheitsmessen und eine Vielzahl von Ausbildungen, Lehrgängen und Studien, die sich mit Gesundheit beschäftigen, boomen. Es überrascht nicht, dass sich dieser Trend nun auch vermehrt im Bereich der Arbeitswelt fortsetzt:

Zu Beginn der 1990er-Jahre gab es Initiativen für Gesundheit meist in Form von Betriebssportaktivitäten. Heute existiert kaum mehr ein Unternehmen, das keine „betriebliche Gesundheitsförderung" anbietet. Wirbelsäulenscreenings, Evaluierung der Belastungen, Kurse für Zumba, Yoga und Nordic Walking sind oft die Highlights solcher Initiativen. Topfitte Mitarbeiter begreifen Betriebliche Gesundheitsförderung in Form von leistungsdiagnostischen Tests, Ernährungsberatung und ermäßigten Fitnessstudio-Abos als Unterstützung ihrer Hobbys. Meist wird zusätzlich eine Gesundheitsbeauftragte nominiert (die weibliche Form ist kein Zufall. In fast allen uns bekannten Organisationen wird diese Funktion von Frauen wahrgenommen), die mit hohem persönlichen Engagement das Projekt mehr oder weniger am Laufen hält.

Was von diesen, meist in innerbetrieblichen Arbeitskreisen (sogenannten „Gesundheitszirkeln") erarbeiteten Initiativen typischerweise häufig den anfänglichen Elan überdauert: ein zusätzliches, fleischloses Gericht auf der Speisekarte der Kantine, eine Nordic-Walking-Gruppe in der Freizeit, Wasserkrüge auf jedem Besprechungstisch. Zu diesen Maßnahmen kommen dann noch oft diffus formulierte Forderungen nach mehr Wertschätzung und besserer Kommunikation. Das war's dann mit der Gesundheitsförderung.

Nicht, dass wir diese Bemühungen kleinreden möchten, aber will man Gesundheit im Betrieb nachhaltig fördern, braucht es eine andere Herangehensweise. Diese wird zwar von professionellen Organisationen gefordert und gefördert, trotzdem stehen unseren Erfahrungen nach meist ausschließlich die „Heiligen Kühe" der Gesundheitsförderung im Fokus: Bewegung, Wirbelsäule und Ernährung.

2.1.1. Salutogenese und Kohärenzsinn

Wird Gesundheit ausschließlich durch die naturwissenschaftliche Brille betrachtet, also auf einen „Zustand frei von Krankheiten" reduziert, hat das massive Auswirkungen auf die Herangehensweise an das Thema Gesundheit. Milliardenbeträge werden jährlich in die sogenannte Reparaturmedizin gepumpt. Dagegen nehmen sich die Gelder für Gesundheitsförderung lächerlich gering aus. Die aberwitzig hohen Marketing-Budgets der Pharmaindustrie und nicht zuletzt die Konzentration auf rein körperliche Aspekte von Gesundheit sind Ausdruck dieses Gesundheitsverständnisses.

Wie so oft bei nicht-naturwissenschaftlichen Gebieten existiert eine Fülle von Begriffsdefinitionen, denen jeweils unterschiedliche Theorieansätze zugrunde liegen. Durchgesetzt hat sich in der Szene der Gesundheitsförderung der Gesundheitsbegriff der Weltgesundheitsorganisation (WHO): Demnach wird Gesundheit als umfassendes körperliches, seelisches und soziales Wohlbefinden definiert.

Die 1986 veröffentlichte Ottawa-Charta leitete eine Trendwende im Gesundheitsverständnis ein: Die bis dahin vorherrschende Vorstellung von Gesundheit als Abwesenheit von Krankheit (Pathogenese) wurde ersetzt durch einen Zugang, der auf die Erhaltung von Gesundheit fokussiert (Salutogenese). Folgt man der Logik dieser Definition, wird leicht nachvollziehbar, dass die Konzentration rein auf den körperlichen Bereich viel zu kurz greift.

Einen wesentlichen Forschungsbeitrag zum salutogenetischen Ansatz leistete der in den USA geborene und 1960 nach Israel emigrierte Sozialmediziner und Stressforscher Aaron Antonovsky (1923–1994).

Er bekam in den späten 1960er-Jahren von der israelischen Regierung den Auftrag, eine Studie über die Anpassungsfähigkeit von Frauen verschiedener ethnischer Gruppen im Klimakterium zu erstellen. Eine Gruppe bestand aus Frauen, die zwischen 1914 und 1923 in Mitteleuropa geboren waren. Sie waren als junge Frauen während der Kriegszeit im KZ gewesen, hatten nach dem Überleben der Nazi-Gräuel die Emigration in ein für sie unbekanntes Land zu bewältigen gehabt und waren seitdem mit einer permanent anhaltenden politischen Auseinandersetzung mit den arabischen Nachbarn konfrontiert (Erster Arabischer Krieg 1948/49, Sechs-Tage-Krieg 1966).

Obwohl diese Frauen über Jahre hindurch unter schwierigsten Lebensbedingungen gelebt hatten, die unvorstellbaren Qualen der Konzentrationslager erdulden mussten, waren 29 Prozent von ihnen entgegen aller Erwartungen körperlich und psychisch gesund (im Gegensatz zu 51 Prozent aus der Kontrollgruppe).

Dieses unerwartete Ergebnis lenkte Antonovskys Blick auf die Frage nach den Ressourcen der gesund gebliebenen Frauen: Er identifizierte das sogenannte Kohärenzgefühl (Sense of Coherence – SOC) als „eine globale Orientierung, die zum Ausdruck bringt, in welchem Umfang man ein generalisiertes, überdauerndes und dynamisches Gefühl des Vertrauens dahingehend besitzt, dass die eigene innere und äußere Welt vorhersagbar ist und dass mit großer Wahrscheinlichkeit die Dinge sich so entwickeln werden, wie man es vernünftigerweise erwarten kann".

Drei Elemente bestimmen den Kohärenzsinn:

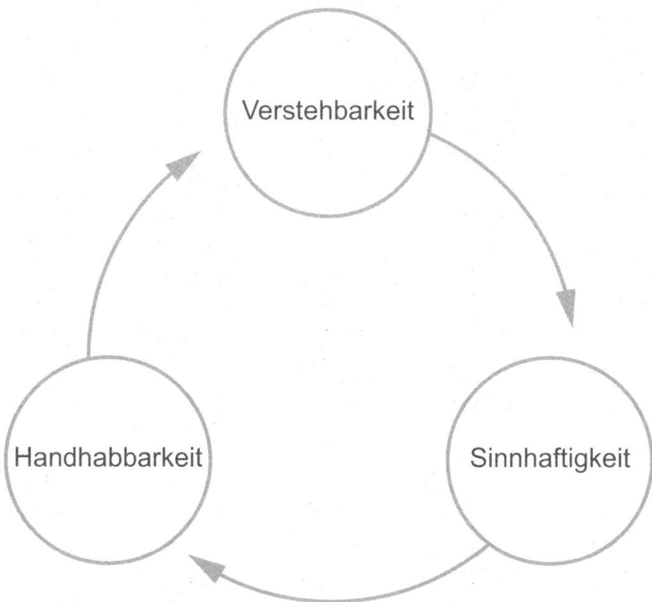

Abb. 3: Elemente des Kohärenzsinns

- → Verstehbarkeit, Durchschaubarkeit. Reize der äußeren und inneren Umwelt werden als geordnet, konsistent und strukturiert wahrgenommen (strukturierte Information anstelle von chaotischem Rauschen).
- → Machbarkeit, Handhabbarkeit. Vorhandene Ressourcen können aktiviert und genützt werden. Es existiert ein grundsätzliches Vertrauen darin, dass ausreichende Ressourcen vorhanden sind, um die Anforderungen des Lebens zu meistern.
- → Sinnhaftigkeit. Anforderungen werden als sinnvolle Herausforderungen betrachtet. Es lohnt sich, für diese Anforderungen Engagement zu entwickeln.

Mittlerweile wurde der salutogenetische Ansatz stetig weiterentwickelt. Studien in anderen Lebenswelten (Arbeitswelt, Kinder mit Risikofaktoren auf der Hawaii-Insel Kauai) waren die Basis für ähnliche Konzepte wie Hardiness oder Resilienz.

2.1.2. Resilienz

In der Physik bezeichnet Resilienz die Toleranz eines Systems gegenüber Störungen bzw. das Vermögen eines Werkstoffs, nach Verformung in den ursprünglichen Zustand zurückzukehren. Als plakative Metapher bietet sich das Stehaufmännchen an: Aus dem Gleichgewicht gebracht, kehrt es immer wieder in den Ausgangszustand zurück. Übertragen auf Gesundheit versteht man unter Resilienz psychische Widerstandskraft, die es Menschen ermöglicht, schwierigste Lebensumstände (Krisen) zu meistern.

Die Entwicklungspsychologin Emmy Werner erforschte in ihrer Langzeitstudie (1955–1999), inwieweit Menschen, die unter schwierigsten Bedingungen aufwuchsen, in der Lage waren, ihr Leben zu meistern. Sie beobachtete die Entwicklung von 698 Kindern, die 1955 auf der Insel Kauai (Hawaii) geboren wurden. Ein Drittel der Kinder hatte denkbar schlechte Startbedingungen: chronische Armut, psychische Erkrankungen oder Alkoholismus der Eltern, hohe Kriminalität und familiäre Disharmonie. Trotz dieser schwierigen Rahmenbedingungen entwickelte sich ein Drittel dieser Kinder zu positiven, fürsorglichen und erfolgreichen Erwachsenen (keiner bezog Sozialhilfe, die geringste Rate an Todesfällen und chronischen Gesundheitsproblemen, stabile Beziehungen, Empathie für Mitmenschen). Was führt nun dazu, dass Menschen widrige Lebensbedingungen meistern können? Für das Entstehen von Resilienz in der Arbeit sind vier Ressourcengruppen von Bedeutung (Siegrist, 2012):

Abb. 4: Resilienz

Persönliche Kompetenzen

→ Fähigkeit zur Selbstreflexion
→ Emotionale Stabilität
→ Kontaktfähigkeit
→ Humor

Proaktive Grundhaltung

→ Selbstverantwortung
→ Sinnhaftigkeit
→ Akzeptanz
→ Lösungsorientierung

Soziale Ressourcen

→ Familie
→ Freunde, Kollegen
→ Vorbilder
→ Berater

Arbeitsbezogene Ressourcen

→ Sinnvolle Tätigkeit
→ Passende Aufgabenstellung
→ Flexibilität in der Organisation
→ Materielle Sicherheit

Auch in der Arbeitswelt durchgeführte Studien (Kobasa 1979, Al Siebert 2005) kommen zu ähnlichen Ergebnissen.

Diesen Konzepten ist gemeinsam, dass es Haltungen und Einstellungen gibt, die sich auf die Gesundheit positiv auswirken. Diese Haltungen und Einstellungen sind sozusagen das Steuerungsprogramm für gesundheitsfördernde Handlungen.

2.2. Führung und Gesundheit

Verwendet man im beruflichen Kontext den Begriff „Gesundes Führen“, kommen meist Antworten wie „die Führungskraft sorgt für einen gesunden

Arbeitsplatz“, „gibt uns Zeit für Ausgleichsgymnastik und Yoga“, „organisiert eine gesunde Jause und ausreichend Wasser“, bis hin zu „geht mit uns Joggen oder Nordic Walken“ und „fördert Raucherentwöhnung“.

Folgt man dem sozialpsychologischen Grundsatz „Verhalten wird bestimmt durch die Umwelt und die Person“ (Kurt Lewin, siehe Kapitel 1.3.1.), wird nachvollziehbar, dass gesundheitsförderliches Verhalten eine entsprechende Umwelt (Verhältnisprävention) ebenso benötigt wie förderliche Haltungen und Einstellungen des Einzelnen (Kohärenzsinn, Resilienz).

Was kann das nun für Führung bedeuten? Inwieweit kann Führung gesundheitsförderliche „Verhältnisse“ kreieren? Und inwieweit kann Führung die Entwicklung von Resilienz und Kohärenz (psychische Gesundheitsfaktoren) fördern?

2.2.1. Führung und Kohärenzsinn

Was kann nun eine Führungskraft auf der Ebene des mittleren Managements zur Gesundheit von Beschäftigten beitragen? Bei unseren Seminaren fragen wir Führungskräfte, wie „kohärentes“, also gesundes Führen in der Praxis funktionieren könnte.

Dabei unterscheiden wir Rahmenbedingungen, die die Organisation vorgibt (Management, Eigentümer), und unmittelbar durch die Führungskraft und die Beschäftigten beeinflussbare Bereiche. In diesem Buch beschäftigen wir uns hauptsächlich mit der Frage nach dem unmittelbaren Einfluss, den Führungskräfte ausüben können. Die Frage nach der „gesunden“ Organisation, die für Resilienz und Kohärenz ihrer Beschäftigten sorgt, werden wir in Kapitel 2.3. „Sozialkapital“ noch kurz behandeln.

Was können Führungskräfte nun zu den drei als wesentlich identifizierten Gesundheitsdimensionen beitragen (siehe Kapitel 2.1.1.)?

Verstehbarkeit

→ Klare Kommunikation des Leitbildes: Welchen Nutzen stiften wir mit unserer Arbeit? Für wen? Mit welchen Leistungen und Produkten?
→ Dafür sorgen, dass die Beiträge des Teams und jedes Einzelnen für den Gesamterfolg hervorgestrichen werden.

- → Klare Kommunikation von Wirkungszielen und Leistungszielen.
- → Klare Definition von Aufgaben und Verantwortungsbereichen.
- → Für eine klare Informationsweitergabe sorgen. Schafft Vertrauen und beugt Gerüchten vor.
- → Regelmäßige Besprechungen.
- → Die Arbeitsaufteilung transparent und weitgehend gerecht gestalten.
- → Für klares Feedback sorgen (positives wie negatives).
- → Gemeinsames Erarbeiten von Teamregeln, die die gewünschte Kultur der Zusammenarbeit ermöglichen sollen.
- → Offene Kommunikation bei Change-Management-Projekten (deren Notwendigkeit und den Nutzen hervorstreichen).

Handhabbarkeit

- → Für ein klares Verständnis in Bezug auf Ressourcen sorgen: Mit welchen externen Ressourcen (Personal, Budget, Equipment, IT) können wir rechnen? Was kann die Führungskraft verhandeln? Was muss akzeptiert werden?
- → Bei knappen Ressourcen: interne Anforderungen (eigene Ansprüche wie z.B. Perfektionismus) herunterschrauben
- → Implementieren einer förderlichen Lernkultur. Wenn Fehler passieren, diese als Lernchance begreifen und die Energie auf Lösungen und nicht auf die Suche nach Schuldigen konzentrieren
- → Aufbau von Wissensmanagement. Struktur und Prozesse für Wissensaustausch und Einschulungen schaffen. Vorbeugen bei zu erwartendem Wissensverlust (Pensionen, Karenzzeiten, geplante Versetzungen)
- → Dafür sorgen, dass Fortbildungsangebote genutzt werden
- → Teamgeist und Wir-Gefühl fördern wechselseitige Unterstützung und beugen Stress und Burnout vor.
- → Klare Formen der Delegation und deren regelmäßige Aktualisierung gewährleisten
- → Produktive Formen der Selbstorganisation fördern

Sinnhaftigkeit

- → Klare Kommunikation des Leitbildes: Welche gemeinsamen Werte sind uns wichtig?
- → Schaffen eines gemeinsamen Zukunftsbildes (Vision)

- Interessen und Bedürfnisse der Beschäftigten erkunden und falls möglich berücksichtigen
- Intrinsische Motivation erkunden und fördern
- Anerkennung und Wertschätzung leben
- Das Miteinander durch gemeinsame Aktivitäten stärken (z.B. Betriebsausflug, Feiern und Feste)

2.2.2. Führung als wichtigster Hebel in der Betrieblichen Gesundheitsförderung

Die massiven Veränderungen in der Arbeitswelt durch die Globalisierung, neue Technologien, die demografische Entwicklung und nicht zuletzt die Wirtschaftskrise werden von den Beschäftigten meist als nachteilig und belastend empfunden (Lohmann-Haislah, A., Stressreport Deutschland 2012). Stressbedingte Krankheiten und Burnout nehmen ständig zu. Vor diesem Hintergrund wird Gesundheitsförderung im Betrieb immer bedeutender.

Dass Gesundheit eine wesentliche Säule der Lebensqualität darstellt, ist unbestritten. Aber warum sollen Unternehmen in die Gesundheit ihrer Mitarbeiter investieren? Aus ethischen Gründen? Dann sind auch Themen wie Nachhaltigkeit, Diversität und gesellschaftliche Verantwortung für Unternehmen von Belang. Liest man einige dieser (oft wunderbar von externen Beratern formulierten) Leitbilder, kommt man zum Schluss, dass Firmenerfolg mehr ist als das Erreichen der Unternehmensziele. In der Praxis stellt sich das oft anders dar. Da klafft eine große Lücke zwischen dem im Leitbild beschworenen wertschätzenden Umgang und der gelebten Praxis in der täglichen Kommunikation.

Wir glauben, dass sich Gesundheit nicht über die ethische, oft moralinbehaftete Hintertür in Unternehmen einschleichen sollte. Dies führt zu unbewussten Abwehrmechanismen; sowohl vonseiten der Organisationen als auch der Mitarbeiter. Immer wieder hören wir von Mitarbeiterseite: „Ich boykottiere dieses Gesundheitsprojekt! Sie sagen zwar, es gehe um unsere Gesundheit, in Wahrheit wollen sie nur Krankenstände verhindern. Und außerdem ist Gesundheit Privatsache, ebenso wie meine religiöse oder politische Orientierung."

Dieses „Einschleichen“ findet auch in der Organisationsentwicklung statt. Widmet sich das Gesundheitsprojekt dem alten Paradigma entsprechend den üblichen Themen (Bewegung, Wirbelsäule, Ergonomie, Ernährung), wird es vom Management gefördert, ignoriert oder als Betriebsratsinitiative geduldet. Aber wehe, wenn dieses Projekt nach den Qualitätsstandards der Betrieblichen Gesundheitsförderung aufgesetzt wird: Dann gibt es Befragungen zur Mitarbeiterzufriedenheit und Gesundheitszirkel, die Verbesserungsvorschläge in Hinblick auf Arbeitsprozesse, Kommunikation, Wertschätzung in der Firma und Führungsverhalten erarbeiten. Und plötzlich beschäftigt sich dieses Projekt mit Fragen der Organisations- und Personalentwicklung.

Wenn diese Moderationen in einen Forderungskatalog münden, der einseitig Führungskräfte und das Management kritisiert (ob berechtigt oder nicht, sei jetzt einmal dahingestellt), der oft nicht finanzierbare Änderungen der Infrastruktur betrifft, hält sich die Begeisterung des Managements in Grenzen.

Wenn überdies die für Personal- und Organisationsentwicklung zuständigen internen Mitarbeiter nicht die Verantwortung für diesen Prozess haben, ist das Scheitern dieses Projekts absehbar. Wir konnten beobachten, dass in Firmen – vom Gesundheitsprojekt ausgehend – Workshops für Führungskräfte veranstaltet wurden, ohne mit der zuständigen Personalentwicklung in Kontakt zu treten. Dass diese Parallelstruktur zu Irritationen, ja oft zu nicht klar ausgeschilderten Abwehrmechanismen führt, ist leicht nachvollziehbar.

Dabei kann das Scheitern in verschiedenen Formen auftreten: als Gesundheitsaktionismus (Gesundheitstage, Diagnosestraßen etc.), als mühsam empfundener Prozess, der nur durch das hohe persönliche Engagement der internen Gesundheitsbeauftragten aufrechterhalten werden kann, oder als – zumindest gesunde – Leiche im Projektkeller der Firma.

Wir schlagen eine andere Herangehensweise vor: Gesundheit ist eine wichtige Kompetenz der Arbeitsfähigkeit. Ohne moralisches und ethisches Wenn und Aber! Daher sollte sie nicht über die Hintertür der Gesundheitsförderung, sondern durch das Hauptportal der Personal- und Organisationsentwicklung in ein Unternehmen gelangen.

Folgt man dieser Logik, muss der Nutzen von Gesundheit für den Unternehmenserfolg klar nachvollziehbar sein. Aus der Fülle der Forschungsarbeiten über den ökonomischen Nutzen von betrieblicher Gesundheitsförderung möchten wir zwei Ansätze vorstellen:

- → Sozialkapital-Ansatz
- → Konzept der Arbeitsfähigkeit

Steht im Konzept der Arbeitsfähigkeit die Person im Mittelpunkt, selbstverständlich ohne die äußeren Rahmenbedingungen zu ignorieren, betrachtet der Sozialkapital-Ansatz die Struktur der Beziehungen zwischen Menschen, stellt also die Organisationskultur in den Vordergrund.

2.3. Sozialkapital

Neben den persönlichen Ressourcen spielen auch die Rahmenbedingungen in der Arbeitswelt eine wesentliche Rolle für gesundheitsförderliches Verhalten. Dabei wollen wir uns nicht auf krank machende Bedingungen konzentrieren. Es gibt mehrere Institutionen, die sich mit Arbeitnehmerschutz und Arbeitssicherheit auseinandersetzen. Mittlerweile werden Arbeitsplätze in Hinblick auf Belastungen – physische wie psychische – evaluiert. Was das Thema für Führung interessant macht, ist die Frage, inwieweit sich soziale Faktoren innerhalb einer Firma, innerhalb eines Teams auf die Gesundheit von Beschäftigten auswirken. Der Forschungsansatz Sozialkapital liefert auf diese Frage wichtige Antworten, die durch Studien wissenschaftlich gut abgesichert sind.

Unter Sozialkapital versteht man „Bindungen und Beziehungen, Normen und Vertrauen innerhalb einer Gruppe oder Gesellschaft“ (OECD-Definition).

Mit dem soziologischen Begriff „soziales Kapital“ bezeichnete Pierre Bourdieu (1983) die Gesamtheit der aktuellen und potenziellen Ressourcen, die mit der Teilhabe am Netz sozialer Beziehungen gegenseitigen Kennens und Anerkennens verbunden sein können. Dabei geht es um die Gestaltung von Beziehungen, um Netzwerkbildung und Vertrauen.

Badura (Badura et. al., Sozialkapital 2008) unterscheidet drei Ebenen des Sozialkapitals:

Netzwerkkapital
Darunter versteht man Güte und Beschaffenheit der sozialen Beziehungen.

- → Teamkohäsion (Zusammenhalt)
- → Kommunikation
- → Sozialer „Fit“ (zwischenmenschliche „Passung“)
- → Soziale Unterstützung
- → Vertrauen

Führungskapital
Beschreibt die vertikalen Beziehungen zwischen Beschäftigten und direkten Vorgesetzten.

- → Mitarbeiterorientierung
- → Kommunikation
- → Fairness und Gerechtigkeit
- → Vertrauen
- → Akzeptanz des Vorgesetzten (Vorbildfunktion)
- → Soziale Kontrolle
- → Machtorientierung (Ausmaß der Dominanz der Führungskraft)

Überzeugungs- und Wertekapital
Bezeichnet den Vorrat der gemeinsamen Werte und Normen.

- → Gemeinsame Normen und Werte
- → Gelebte Kultur
- → Konfliktkultur
- → Kohäsion im Betrieb
- → Gerechtigkeit
- → Wertschätzung
- → Vertrauen

In der Gesundheitsförderung hat Bernhard Badura mit seinen Kollegen von der Universität Bielefeld, Fakultät für Gesundheitswissenschaften, die Auseinandersetzung mit dem Thema Sozialkapital und Gesundheit sehr vorangetrieben. Er hat nicht nur die Querverbindung zum Thema Gesundheit geschaffen, er hat auch wesentliche Studien durchgeführt, die die Wirkungszusammenhänge, z.B. zwischen Führung und Gesundheit, darstellen.

So zeigen die Ergebnisse einer Mitarbeiterbefragung – ausgewertet wurden 2.287 Datensätze aus fünf Betrieben – einen direkten Zusammenhang zwischen Führung und der Gesundheit von Beschäftigten. Folgende Zusammenhänge wurden erforscht (zwei davon möchten wir mit Diagrammen illustrieren):

- Akzeptanz des Vorgesetzten und Ausmaß des Wohlbefindens (siehe Abbildung 5)
- Partizipationsmöglichkeit und Häufigkeit psychosomatischer Beschwerden (siehe Abbildung 6)
- Ausmaß der Mitarbeiterorientierung/Ausmaß des Wohlbefindens
- Ausmaß des Zusammengehörigkeitsgefühls im Team/Subjektive Arbeitsfähigkeit

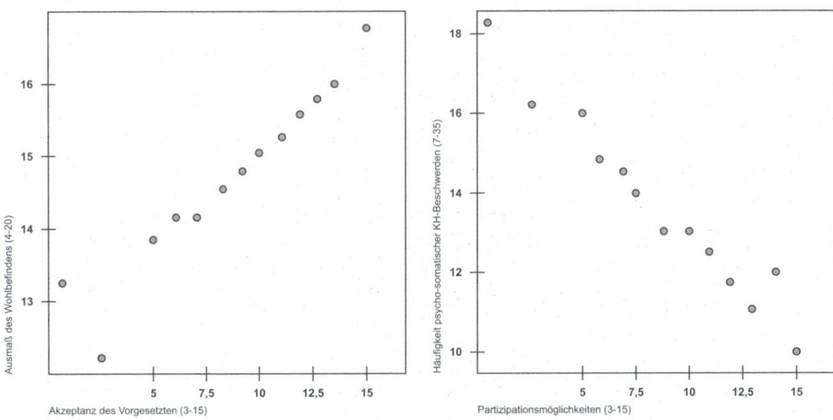

Abb. 5: Akzeptanz des Vorgesetzten und Ausmaß des Wohlbefindens

Abb. 6: Partizipationsmöglichkeit und Häufigkeit psychosomatischer Beschwerden

Badura hat nachgewiesen, dass sowohl das Ausmaß des Vertrauens, als auch Mitarbeiterorientierung, Fairness und Gerechtigkeit in einem korrelativen Zusammenhang mit den gesundheitlichen Beeinträchtigungen der Befragten stehen. Er spricht auch von einem „nahezu linearen Zusammenhang zwischen Akzeptanz der Führungskräfte und dem gesundheitlichen Wohlbefinden der Mitarbeiter“ (Badura 2013).

Auch die Gallup-Umfrage zu emotionaler Bindung an den Arbeitgeber und Engagement, durchgeführt 2010 an 1920 Beschäftigten, streicht die Bedeutung von Führung für das Engagement von Beschäftigten deutlich heraus: „Führungskräfte sind das A u. O" (Gallup 2011). So würden 54 Prozent der Beschäftigten mit geringer emotionaler Bindung an das Unternehmen ihrem Chef sofort kündigen. Im Gegensatz zu nur 3 Prozent aus der Gruppe der Engagierten.

2.4. Haus der Arbeitsfähigkeit

Der finnische Forscher Juhani Ilmarinen, emeritierter Professor am Finnish Institute of Occupational Health beschäftigt sich seit Jahrzehnten mit der Frage der Arbeitsfähigkeit. Das von ihm entwickelte Modell „Haus der Arbeitsfähigkeit" zeigt anschaulich die Einflussfaktoren auf die Arbeitsfähigkeit von Beschäftigten.

Wenn man die Stockwerke dieser Grafik noch mit den für die Leistungserbringung notwendigen Kategorien „Können", „Wollen" und „Dürfen/ Sollen" koppelt, wird die Bedeutung der Dimension Gesundheit relativiert. Sie wird einerseits entmystifiziert, (Gesundheitsförderung ist nicht das vorrangige Unternehmensziel), andererseits als wichtige Basiskompetenz für die Arbeitsfähigkeit aufgewertet. Damit ist Betriebliche Gesundheitsförderung nicht mehr „nur" ein Anliegen des Betriebsrates oder einiger engagierter Mitarbeiter und Unternehmer, sondern wird zur Kernaufgabe der Organisations- und Personalentwicklung.

Für die Mitarbeiter bedeutet das: Gesundheit ist mehr als eine private Angelegenheit. Ist zum Beispiel ein Profischiedsrichter nicht ausreichend fit, ist die Arbeitsfähigkeit beeinträchtigt, im Gegensatz zu einer Architektin, die ihren Job auch im Sitzen gut erledigen kann. Löst die gesundheitliche Beeinträchtigung allerdings einen Krankenstand aus, ist natürlich die Arbeitsfähigkeit unabhängig vom Anforderungsprofil beeinträchtigt.

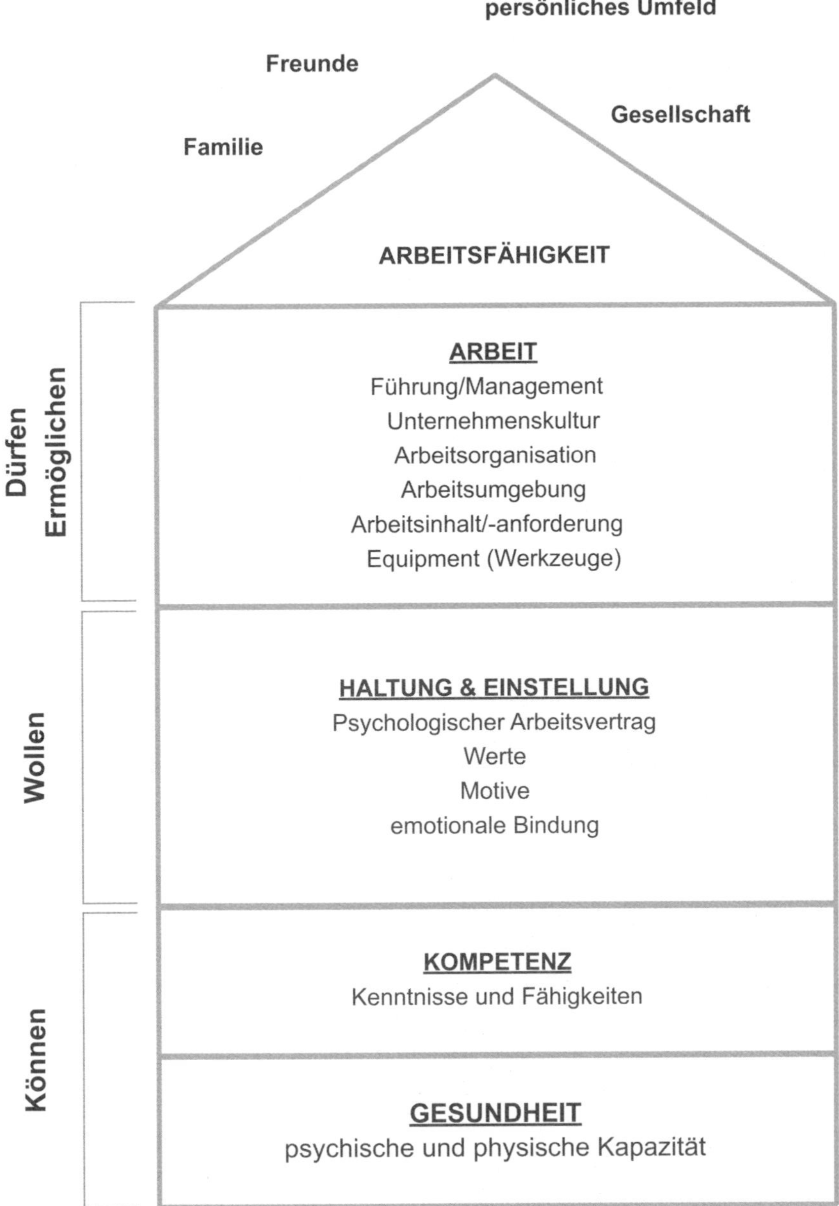

Abb. 7: Das Haus der Arbeitsfähigkeit (Tempel/Ilmarinen)

2.5. Zehn Schlüsselfaktoren für Gesundes Führen

Im Folgenden stellen wir die aus unserer Sicht zentralen zehn Schlüsselfaktoren für Gesundes Führen vor.

2.5.1. Sinnhaftigkeit

Sinnhaftigkeit ist nicht nur als intrinsischer Motivator für Arbeitszufriedenheit von zentraler Bedeutung. Auch im salutogenetischen Ansatz Aaron Antonovskys, in der Logotherapie und nicht zuletzt in Konzepten für Lebensqualität und Lebensglück spielt das Erleben von Sinn eine entscheidende Rolle. Das Erleben von Sinn hängt eng mit Werten zusammen. Gemeinsame Werte im Unternehmen, eine gemeinsame Vision und ein gemeinsames Verständnis von Nutzen und Wirkung der Arbeit fördern das Erleben von Sinnhaftigkeit. Die Führungskraft sorgt dafür, dass die im Leitbild angeführten Werte und Regeln kommuniziert und gelebt werden. Die Führungskraft setzt die einzelnen Tätigkeiten der Mitarbeiter und des Teams in Beziehung zum „Ganzen". Darüber hinaus weiß die Führungskraft über Interessen und persönliche Sinngebungen und Neigungen der Mitarbeiter Bescheid. Soweit dies im Arbeitsprozess möglich ist, wird darauf Rücksicht genommen.

2.5.2. Lösungsorientierung

Lösungsorientierung und eine proaktive Grundhaltung sind wichtige Resilienzfaktoren. Die Führungskraft beachtet dies bei der Reflexion ihrer eigenen Muster im Umgang mit schwierigen Aufgabenstellungen. Im Team sorgt sie dafür, dass es eine klare Unterscheidung zwischen nicht veränderbaren Rahmenbedingungen (Budget, Personal, Gesetze, Kunden) und Handlungsspielräumen im eigenen Verantwortungsbereich gibt (Arbeitsaufteilung, Klima im Team, Gestaltung der Prozesse). Bei Besprechungen und Gesprächen wird die Energie auf den eigenen Gestaltungsbereich gelenkt, Jammern und Lamentieren auf ein „erträgliches Maß" reduziert. Passieren Fehler, gilt es nicht, die Schuldigen zu identifizieren und an den Pranger zu stellen, sondern daraus notwendige Lernschritte abzuleiten. Die Führungskraft beherrscht Tools zur Problembewältigung.

2.5.3. Rollenklarheit

Rollen sind Bündel von Verhaltenserwartungen. Es geht um die Integration der durchaus unterschiedlichen und nicht immer klaren Erwartungen von Kunden, Vorgesetzten, Mitarbeitern sowie anderer Anspruchsgruppen. Nicht zuletzt sollen Führungskräfte wie Mitarbeiter ein klares Bild ihrer eigenen Erwartungen an sich selbst haben. Rollenklarheit bedeutet, sich der verschiedenen Anforderungen bewusst zu sein und daraus ein klares Rollenbild zu entwickeln: Was sind meine Aufgaben? Was gehört nicht dazu? Welche Leistungen in welcher Qualität soll ich erbringen? Welche Voraussetzungen, welche Formen der Unterstützung sind hierfür notwendig? Der Umgang mit Rollen kann mit Jonglieren verglichen werden: Es geht darum, eine handhabbare Zahl unterschiedlicher Bälle in der Luft zu halten und darauf zu achten, dass kein Ball zu Boden fällt. Dies bedeutet, dass im Sinne einer Reduktion von Komplexität die zentralen Rollenerwartungen zu identifizieren sind und keine davon stärker vernachlässigt werden sollte. Es gilt, Formen des Ausgleichs zwischen unterschiedlichen Erwartungen zu finden und bestehende Rollenunklarheiten zu reduzieren. Führungskräfte sind gefordert, für sich selbst Rollenklarheit zu schaffen, ihren Mitarbeitern die an sie gerichteten Rollenerwartungen klar zu kommunizieren und bei der Klärung von deren Rollen soweit erforderlich behilflich zu sein.

2.5.4. Konfliktmanagement

Organisationen haben Widersprüche und Spannungsfelder zu managen, so z.B. zwischen Kundenzufriedenheit und Gewinnmaximierung, zwischen „Arbeitskräfte als Produktionsfaktor“ und „Mitarbeiter als Individuen“, zwischen „Was verändern wir?“ und „Wo bleiben wir gleich?“. Entscheidungen in diesen und ähnlichen Zusammenhängen fallen regelmäßig unter Bedingungen der Mehrdeutigkeit und Unsicherheit. Divergierende inhaltliche Positionierungen von Organisationsmitgliedern werden leicht zu persönlichen Konflikten.

Verschiedene Organisationseinheiten haben unterschiedliche Aufgaben, Ziele und auch Interessen. Solche strukturellen Konfliktfelder können ebenfalls zu persönlichen Konflikten werden.

Zudem „menschelt“ es in Organisationen. Ein gewisses Ausmaß persönlicher Konflikte ist als Normalität zu erwarten. Das konstruktive, also durchaus offene Austragen von Konflikten kann eine Organisation weiterbringen, ihr zu besseren Leistungen verhelfen. Unterschwellige, „kalte“ Konflikte können soziale Systeme lähmen, eskalierende destruktive Konflikte massive Schäden anrichten. Das Management von Konflikten ist daher eine zentrale Aufgabe von Führungskräften, die es erforderlich macht, Konflikte zu erkennen und rechtzeitig zu intervenieren sowie hierbei über verschiedene Optionen zu verfügen: ausgleichende Gespräche zu führen und lösungsorientierte Besprechungen zu moderieren, externe Unterstützung (Coaching, Moderation, Mediation) in Anspruch zu nehmen, Schiedsrichter zu spielen, also Entscheidungen zu treffen und wenn notwendig auch Machtmittel einzusetzen. Dies verlangt eine gesunde Mischung von Sensibilität und Mut.

2.5.5. Gestaltung von Arbeitsbeziehungen: Vertrauen

Auch wenn es manche bekümmert: Menschen sind keine Computer. Klare Steuerungsimpulse sind zwar notwendige, aber keine hinreichenden Voraussetzungen für gute Leistungen und gelingende Kooperation. Die Redewendungen „Ich mache es dem Chef zuliebe“ bzw. „Ich mache es gegen den Willen des Chefs“ drücken dies plastisch aus. Der zentrale Faktor für gelingende Arbeitsbeziehungen ist Vertrauen. Man vertraut jemandem, wenn er einem zuhört und sich bemüht, zu verstehen, und wenn er sich als aufrichtig und verlässlich, somit loyal erweist. Vertrauen entsteht zumeist prozesshaft aufgrund positiver Erfahrungen. Es kann durch einzelne Handlungen zerstört oder zumindest massiv beschädigt werden.

Führungskräfte sollten sich somit um das Vertrauen der Mitarbeiter bemühen und trachten, es nicht zu zerstören. Sie sollten ihrerseits Vertrauen geben, es aber entziehen, wenn es missbraucht wurde. Dies sollte aber nicht überschießend geschehen, sondern in abwägender Dosierung entsprechend dem konkreten Anlass.

Ein weiterer zentraler Faktor für gute Führungsarbeit ist persönliche Anerkennung, nicht in Form von mit der Gießkanne verteilten Lobes, sondern als eine den anderen Menschen in seiner Einzigartigkeit akzeptierende Grundhaltung, die mit einer differenzierten Einschätzung seiner Leistungen verbunden ist.

2.5.6. Ethische Grundhaltung: Fairness

Vorgesetzte können von ihren Mitarbeitern nur dann ethisches Verhalten erwarten, wenn sie dieses selbst vorleben. Dies bedeutet zunächst, sich keine unangemessenen Vorteile zu verschaffen und anderen nicht ungerechtfertigt zu schaden.

In Psychologischen Arbeitsverträgen ist typischerweise Fairness eine zentrale Kategorie. Fairness bedeutet das Erleben eines zumindest mittelfristigen Gleichgewichts von Geben und Nehmen in der Beziehung zwischen zwei Menschen. Fairness besteht in der persönlichen Wahrnehmung dann, wenn positive Güter (Geld, Anerkennung etc.) oder negative Güter (Tadel, Sanktionen etc.) zwischen mehreren Personen bzw. innerhalb von sozialen Systemen nachvollziehbar und ohne einseitige Bevorzugung bzw. Benachteiligung verteilt werden. Es ist schwierig, ein Optimum an Fairness zu definieren, unfaires Führungsverhalten kann jedoch relativ einfach als solches erkannt und benannt werden. Wenn in bestimmten Situationen besondere Gründe für als unfair erlebte Bevorzugungen bestehen, sollten sie offen kommuniziert werden. Insgesamt fällt die Aufrechterhaltung eines Gefühls der Fairness dann leichter, wenn diese im Team bzw. der Organisation in angemessener Form zum Thema gemacht wird.

2.5.7. Information, Kommunikation

Organisieren bedeutet unter anderem, dass bestimmte Organisationsmitglieder spezifische Informationen erhalten und Kommunikationen (z.B. Besprechungen) führen. Vorgesetzte wissen über größere Zusammenhänge und kommende Entwicklungen in der Firma besser Bescheid. Mitarbeiter verfügen über Praxiswissen, das sie preisgeben können oder nicht. Es ist weder möglich noch erwünscht, dass alle alles wissen. Es ist aber erforderlich, dass jeder die Informationen erhält, die er braucht, um seine Arbeit gut zu machen. Diese beziehen sich nicht nur auf das unmittelbar zwingend Notwendige, sondern auch auf das, was erforderlich ist, um das Sinnhafte der eigenen Arbeit und ihrer Ausgestaltung erfassen zu können. Die erforderliche Durchlässigkeit und Transparenz führt dann zur Verstehbarkeit als salutogenetischer Faktor, wenn in Kommunikationen unterschiedliche Sichtweisen ausgetauscht und zu gemeinsamen Bildern von der Wirklichkeit zusammengeführt werden. Wenn hieraus von beiderseitigem Commitment getragene Vereinbarungen entstehen, fördert dies die salutogenetische Dimension der Handhabbarkeit. Um dies zu erreichen, benötigt die Führungskraft entsprechende Kompetenzen wie Aktives Zuhören, Geben und Nehmen von Feedback sowie Moderation.

2.5.8. Stressmanagement: Anforderung und Ressourcen in Balance halten

Negativer Stress entsteht, wenn die vorhandenen Ressourcen für die Aufgabenbewältigung nicht ausreichen. Um dies zu verhindern, organisiert die Führungskraft die notwendigen externen Ressourcen (Zeit, Mittel) und fördert die Entwicklung der erforderlichen Kompetenzen (interne Ressourcen) des Teams oder der Mitarbeiter. Eine klare und transparente Arbeitsaufteilung kann Stress einzelner Mitarbeiter verhindern (siehe Verantwortungsmodell in Kapitel 3.4). Stress entsteht auch durch Unterforderung. Fühlen sich Mitarbeiter unterfordert, sorgt die Führungskraft dafür, dass Anforderungen und Herausforderungen erhöht werden. Ist mangelnde Einsatzbereitschaft Einzelner Grund für Überforderung im Team, sollte die Führungskraft vehement einschreiten.

Wenn in Zeiten hoher Anforderungen keine Balance möglich ist, sorgt die Führungskraft in belastenden Zeiten für die notwendigen Ruhe- und Entspannungsphasen und kommuniziert das Fehlen von Ressourcen an die nächste Führungsebene. Gezieltes individuelles Stressmanagement der Führungskraft (Ruhe und Gelassenheit, Distanzierungsfähigkeit) hilft dem Team, Hektik und Aufregung zu vermindern. Nur wer gut für sich sorgt, kann langfristig auch für andere sorgen! Gemeinsames Lernen, Austausch, gegenseitige Unterstützung und ein Klima von „konstruktiver Konkurrenz“ sorgen für einen förderlichen Umgang mit Stress. Sind Mitarbeiter bereits in ihrer Gesundheit gefährdet, liegen Tendenzen von Burnout vor, verweist die Führungskraft auf Ansprechpartner und Unterstützung im Betrieb (Coaching, Betriebsarzt, psychologische Betreuung).

2.5.9. Zugehörigkeit, soziale Bindung

Das Gefühl von Zugehörigkeit, das Eingebundensein in ein Team oder eine Firma, deckt wichtige Grundbedürfnisse von Menschen ab. Aus Sicht der Hirnforschung ist das Gehirn ein Sozialorgan. Die Befriedigung sozialer Bedürfnisse erzeugt positive Emotionen und ist ein wichtiger Treiber für einen positiv formulierten Psychologischen Arbeitsvertrag, für Arbeitszufriedenheit und nicht zuletzt für geringe Fluktuation und wenig Absentismus. Die Führungskraft betont die Wichtigkeit jedes Einzelnen für das Erreichen der Unternehmensziele und für positive Arbeitsbeziehungen. Unterschiede in den Werten, in den Sichtweisen und in den persönlichen Arbeitsstilen werden als wertvoll erlebt. Die Unterschiede zwischen beispielsweise gewissenhaften Tüftlern und in die Weite denkenden Kreativen stellen eine Bereicherung dar. Die Führungskräfte vermitteln dies. Es gibt Raum für Kommunikation und Austausch abseits der für die Arbeit notwendigen Absprachen und Besprechungen.

2.5.10.Verantwortung teilen, delegieren

Partizipation, Mitgestaltungs- und Mitbestimmungsmöglichkeiten sorgen für mehr Arbeitszufriedenheit (siehe Kapitel 2.3.). Das Kurt Lewin, dem Begründer der Organisationsentwicklung zugeschriebene Zitat „Betroffene zu Beteiligten machen" beschreibt einen wichtigen Grundsatz des sogenannten partizipativen Führungsstils. Dieser Führungsstil geht von der Grundannahme aus, dass die Führungskraft alleine nie und nimmer in der Lage ist, komplexe Aufgabenstellungen zu bewältigen. Das Wissen und die Ressourcen sind jedoch im Team vorhanden. Die Führungskraft moderiert den Prozess der Lösungsfindung, sorgt dafür, dass das Gesamtziel nicht aus den Augen verloren wird, und delegiert neben Tätigkeiten und Aufgaben auch die damit verbundenen Verantwortlichkeiten.

Beim Delegieren steckt die Führungskraft einen genauen Rahmen ab, innerhalb dessen sich die Mitarbeiter eigenverantwortlich bewegen. Beharren auf eigenen kleinlichen Vorstellungen in Bezug auf Qualität und Form wirken kontraproduktiv. Regelmäßige Überprüfungen der Praxis des Delegierens sind sinnvoll.

IM ÜBERBLICK

Zehn Schlüsselfaktoren für Gesundes Führen

- → Führungskräfte stiften Sinn mittels gemeinsamer Werte, einer gemeinsamen Vision und einem gemeinsamen Verständnis von Nutzen und Wirkungen der Arbeit.
- → Führungskräfte leben Lösungsorientierung und proaktive Herangehensweisen im Tagesgeschäft wie auch bei Weichenstellungen vor und fördern solche Haltungen.
- → Führungskräfte sorgen bei sich und anderen für Klarheit über Rollen und Aufgaben.
- → Führungskräfte stecken unter Einbindung ihrer Mitarbeiter einen klaren Rahmen ab, innerhalb dessen sich diese weitgehend selbstständig bewegen können.
- → Führungskräfte sorgen für Verstehbarkeit der Arbeitszusammenhänge, ermutigen zu offener Kommunikation und sind selbst kompetente Kommunikatoren.
- → Führungskräfte erkennen Konflikte rechtzeitig und betreiben aktives Konfliktmanagement.
- → Führungskräfte geben Gründe, ihnen zu vertrauen, und dosieren ihr eigenes Vertrauen sorgfältig mit ausreichend Optimismus.
- → Führungskräfte zeigen Fairness und fordern diese ein.
- → Führungskräfte vermeiden bei sich selbst und anderen schädlichen Stress durch die Balance äußerer sowie innerer Anforderungen und Ressourcen.
- → Führungskräfte fördern das Zusammengehörigkeitsgefühl ihrer Mitarbeiter und ermöglichen, dass Unterschiede zwischen ihnen als Energiequelle dienen.

Kapitel 3:

Gesundes Führen braucht Werkzeuge und Instrumente

Die Modelle und Werkzeuge, die wir in diesem Kapitel beschreiben, wenden wir seit vielen Jahren in der Begleitung von Teams und im Coaching von Führungskräften an. Obwohl sie für komplexe Situationen entwickelt wurden, sind sie leicht verständlich und ohne großes theoretisches Vorwissen sofort einsetzbar.

3.1. Umgang mit Stress

Wenn es um Gesundheitsbelastung am Arbeitsplatz geht, ist das Thema Stress allgegenwärtig. Im Deutschen Stressreport 2012 spricht die ehemalige deutsche Bundesministerin für Arbeit und Soziales (2009–2013) Ursula von der Leyen von 53 Millionen Krankheitstagen aufgrund psychischer Belastungen. Die durch psychische Erkrankungen in Europa verursachten Kosten werden jährlich mit 240 Milliarden Euro veranschlagt (Der Standard, 14.6.2014). Aufgrund dieser alarmierenden Zahlen startet die Gesundheitsagentur der EU (Osha) im Jahr 2014 die Kampagne „Gesunde Arbeitsplätze – Stress managen".

Bevor wir uns nun der Frage widmen, inwieweit Führungskräfte Stressbelastung von Mitarbeitern beeinflussen können, möchten wir zuerst beschreiben, was wir unter Stress und Burnout verstehen.

3.1.1. Die Stressreaktion

Biopsychologisch betrachtet ist Stress ein Zustand, der immer dann auftritt, wenn der Körper durch Anforderungen aus dem Gleichgewicht (Homöostase) gebracht wird und dies mit den routinemäßig vorhandenen Ressourcen nicht kompensiert werden kann. Tritt dieser Stresszustand ein, werden eine Reihe von physischen und psychischen Prozessen in Gang gesetzt, die darauf abzielen, diese Situation zu meistern, in unserer Vorzeit durch Flucht oder Angriff. Frederic Vester spricht in diesem Zusammenhang von „Steinzeitstress". Dabei laufen komplexe biochemische Prozesse ab, die im Gehirn eingeleitet werden und die sogenannten Stresshormone freisetzen.

Die Wahrnehmung eines Stressreizes aktiviert das vegetative Nervensystem, vor allem den Sympathikus sowie die Hirnanhangsdrüse (Hypophyse). Der Sympathikus (der Gegenspieler des beruhigenden Parasympathikus) stimuliert die Nebennierenhormone Adrenalin und Noradrenalin. Diese Hormone führen dazu, dass alle Prozesse, die der Abwehr der Gefahr dienen, aktiviert und alle Vorgänge, die nicht mit der Beseitigung der Gefahr zu tun haben, gedrosselt werden: Die Stressreaktion bereitet den Organismus in kürzester Zeit auf die zu erwartende Gefahr vor. Ausgerichtet ist sie auf Flucht oder Kampf.

Stressor:
gefährliche Situation

Stressreaktion:
Vorbereitung auf die Gefahr

Antwort:
Angriff oder Flucht

Abb. 8: „Steinzeitstress“ (Frederic Vester)

Aktivierung

→ Herz-Kreislauf-System: Herzfrequenz, Blutdruck
→ Energiebereitstellung: vermehrte Ausschüttung von Zucker und Fettreserven
→ Muskulatur: erhöhte Muskelspannung
→ Verbesserte Reflexe
→ Erhöhte Gerinnungsfähigkeit des Blutes
→ Schmerztoleranz

Dämpfung

→ Verdauung
→ Libido
→ Immunabwehr
→ Bestimmte Gehirnregionen (Planung, Reflexion)

In Anbetracht einer real existierenden Gefahr, der die Menschen der Vorzeit ständig ausgesetzt waren (Jagd, Bedrohung durch die Umwelt, Kampf), waren diese Reaktionen nicht nur sinnvoll, sie waren, wie bereits erwähnt, für das Überleben der Spezies Mensch von enormer Bedeutung. Ist die Gefahr vorbei, wird der Erregungszustand abgebaut. Durch die Angriffs- oder Fluchthandlung werden die negativen Auswirkungen in Form von Bewegung abgebaut.

Ganz anders verhält es sich bei der sogenannten Distressreaktion: Die stressauslösende Situation ist nicht mehr lebensbedrohend, trotzdem reagiert der Organismus ähnlich wie vor tausenden von Jahren.

Stressor:
gefährliche Situation

Stressreaktion:
Vorbereitung auf die Gefahr

Antwort:
??

Abb. 9: Distress

Dem Körper steht als Reaktion auf den Stressor nur dieses eine Muster zur Verfügung. Ohne Rücksicht darauf, ob eine Situation lebensbedrohend ist oder uns psychisch überfordert oder frustriert, läuft die physiologische Stressreaktion immer nach dem gleichen Schema ab. Da die fehlgeleitete oder pathologische Stressreaktion keine zwingende körperliche Aktivität in Form von Angriff oder Flucht nach sich zieht, fehlt die spezifische, den Organismus wieder in den Normalzustand bringende Reaktion. Die Folge: Stress wird zur Ursache einer Vielzahl von Zivilisationskrankheiten.

Krankheitsfolgen durch chronischen Stress:

- Bluthochdruck
- Erhöhte Blutfettwerte
- Erhöhter Blutzuckerspiegel
- Rücken-, Wirbelsäulenschmerzen
- Verdauungsprobleme
- Impotenz, Frigidität
- Verminderte Immunabwehr

3.1.2. Stress als kognitives transaktionales Geschehen

Wer sich für die biochemischen Zusammenhänge näher interessiert, sei auf die einschlägige Literatur verwiesen (z.B. Hüther, Biologie der Angst, 2009). Im Zusammenhang mit Führung und Gesundheit ist vor allem die Entstehung bzw. die Bewältigung von Stress von Bedeutung. Hier lassen sich aus dem Stressmodell des Psychologen Richard Lazarus wichtige Erkenntnisse und Handlungsfelder für Gesundes Führen ableiten. Im Gegensatz zu den biologisch orientierten Ansätzen, die die Beschaffenheit der Reize und die biologischen Reaktionen darauf erforschten, geht Lazarus davon aus, dass die höchst subjektive Bewertung durch den Betroffenen von zentraler Bedeutung ist.

Zwei Fragen stehen dabei im Vordergrund:

- Was steht auf dem Spiel? (Primäre Bewertung, Einschätzen der Situation)
- Was habe ich an Fähigkeiten und Mitteln zur Bewältigung? (Sekundäre Bewertung, Einschätzen der Ressourcen)

Die Begriffe primär und sekundär beziehen sich nicht auf den zeitlichen Ablauf. Beide Bewertungsprozesse können gleichzeitig ablaufen und einander wechselseitig beeinflussen.

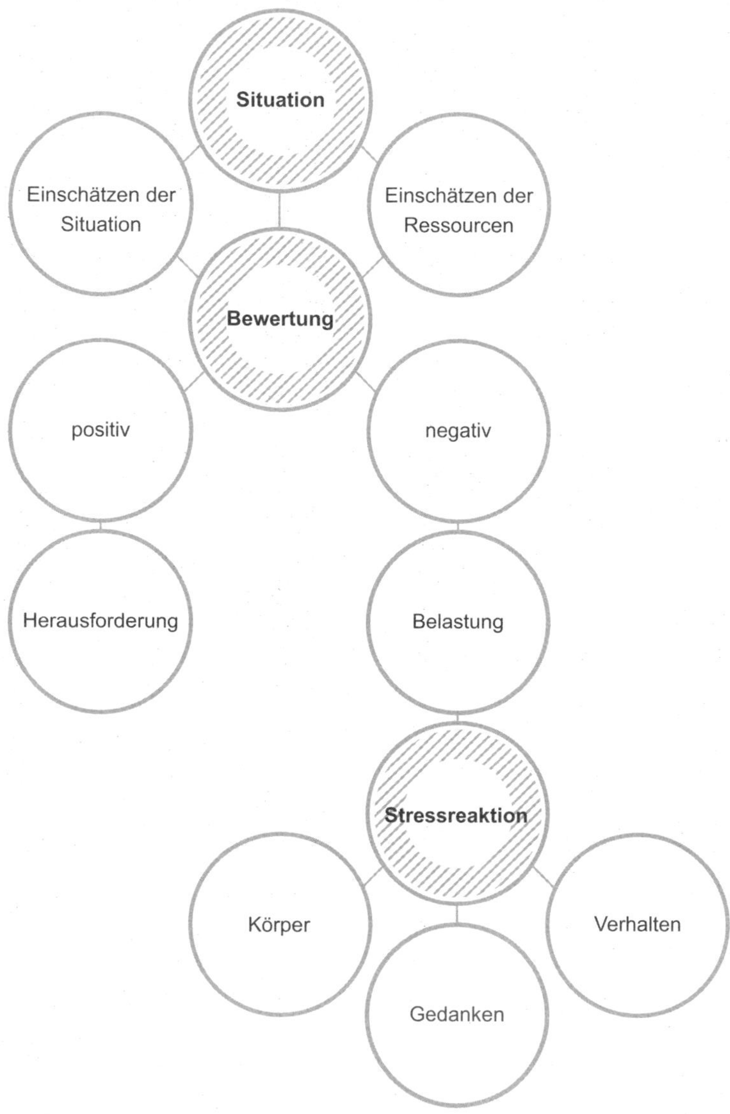

Abb. 10: Stresssituation

Entsprechend der Auffassung von Stress als transaktionalem Geschehen sprechen wir dann von Stress, wenn die Anforderungen die adaptiven Mittel (Ressourcen) einer Person übersteigen. In der Literatur wird oft zwischen positivem, anregendem Stress (Eustress) und negativem Stress (Distress) unterschieden. Wenn wir in weiterer Folge von Stress sprechen, meinen wir den negativen Stress.

Für einen konstruktiven Umgang mit Stress müssen wir noch eine wichtige Unterscheidung treffen. Es gibt Anforderungen, die von außen vorgegeben werden, die durch uns unmittelbar nicht veränderbar sind (externe Anforderungen). Dann gibt es Anforderungen, die mit unseren Einstellungen und Bewertungen zu tun haben (interne Anforderungen). Wenn z.B. die äußere Anforderung lautet, bestimmte Stückzahlen zu verkaufen, die innere Anforderung aber verlangt, die Nummer eins in der Verkäufer-Jahreswertung zu sein, ist der Druck selbstverursacht.

3.1.3. Die inneren Antreiber

Das Konzept der sogenannten inneren Antreiber geht davon aus, dass uns in früher Kindheit Botschaften und Glaubenssätze eingeschärft wurden, die uns auch noch als Erwachsene ständig, oft unbewusst, begleiten. Die aus diesen „inneren Anweisungen" abgeleiteten Verhaltensmuster sind zwar potenziell Stärken, die uns in vielen Situationen helfen. In Belastungssituationen werden sie aber zu Schwächen, die die an uns gerichteten Anforderungen nach oben schrauben und damit für „internen" Stress verantwortlich sind.

Innere Antreiber

„Sei perfekt!"

→ Hoher Leistungsanspruch
→ Druck
→ Lange Arbeitszeiten
→ Weitschweifigkeit
→ Langwierige Ausarbeitungen

„Streng dich an!"

→ Anspannung
→ Blockaden

- → Wilder Eifer
- → Angst vor Störungen

„Beeil dich!"

- → Erschwert ruhiges, konzentriertes Arbeiten
- → Alles muss schnell gehen.
- → Wir unterbrechen andere.
- → Ungeduld, Eile, Oberflächlichkeit sind die Folge.

„Sei gefällig!"

- → Nicht Nein sagen können
- → Eigene Bedürfnisse verdrängen
- → Ständig „Helfer" sein wollen
- → Eigenständigkeit und Spontaneität aufgeben
- → Eigenständiges Denken oder gar Kritik vermeiden

„Sei stark!"

- → Verhindert das Zeigen von Gefühlen und Schwächen
- → Durchhalten aus Prinzip
- → Verbissenheit
- → Keine Hilfe annehmen und nicht delegieren

Im Internet finden sich bei einer raschen Google-Suche mehrere Seiten, die einen standardisierten Test zur Identifizierung dieser Antreiber kostenlos anbieten.

Auch auf der Ebene der Ressourcen gibt es sowohl externe wie interne. Externe Ressourcen werden von der Firma zur Verfügung gestellt: ausreichend Zeit, Equipment, Einschulung, Organisation, Unterstützung durch Führung, interne und externe Experten. Interne Ressourcen müssen wir uns selbst erwerben, so unsere Fähigkeiten, unser Wissen, förderliche Haltungen und Einstellungen wie offensive Problemlösungskapazität, Optimismus, Humor, unsere sozialen Kompetenzen, Zeitmanagement. Dass die Firma Fortbildungen anbietet und bezahlt, ist eine externe Ressource. Ob diese in Anspruch genommen wird, ob die Mitarbeiter Lernbereitschaft und Entwicklungsfreude einbringen, ist hingegen eine innere Ressource.

Professionell gelebte Führung kann für die Mitarbeiter eine wichtige externe Ressource darstellen, genauso wie Führungsschwächen bzw. Führungsfehler als externe Anforderungen Stress verursachen können!

3.1.4. Umgang mit Stress

Mögliche Interventionen können auf drei Ebenen ablaufen, wobei Maßnahmen auch auf mehreren Ebenen zugleich wirken können. Regeneratives Ausdauertraining senkt einerseits durch Stress verursachten Bluthochdruck und erhöhte Blutfettwerte, andererseits wird durch eine verbesserte Fitness auch die Stresstoleranzschwelle angehoben. Darüber hinaus gilt es zu überlegen:

- Vermeiden: Wie kann ich das Auftreten von potenziellen Stressoren verhindern?
- Kontrollieren: Falls dies nicht möglich ist, wie kann ich die Stressreaktion kontrollieren?
- Entschärfen: Wie kann ich den negativen Auswirkungen der erlebten Stressreaktion auf Gesundheit und Leistungsfähigkeit entgegenwirken?

Zum Thema individuelles Stressmanagement gibt es eine ganze Reihe hervorragender Publikationen (z.B. Kaluza, Stressbewältigung, 2005). Wir wollen unsere Aufmerksamkeit jedoch auf Stress in der Arbeit richten und dabei vor allem den Einflussfaktor Führung näher beleuchten.

In unseren Seminaren zum Thema Stress in der Arbeit setzen wir den von Schaarschmidt/Fischer entwickelten AVEM (Arbeitsbezogene Verhaltens- und Erlebensmuster)-Stresstest ein. Dieser Test identifiziert zwar individuelle Verhaltensmuster, doch lässt sich leicht ein Bezug zu Mitarbeiterführung und Organisationsentwicklung herstellen.

Es werden hierbei elf unterschiedliche Dimensionen abgefragt, um daraus vier unterschiedliche Typen herauszufiltern:

Gesundheitstyp

Der Gesundheitstyp besitzt ein hohes Maß an Resilienz (hohe offensive Problembewältigung, geringe Resignationstendenz), Beruf und Freizeit sind in Balance und die Ressourcen Distanzierungsfähigkeit und innere Ruhe sind bei ihm gut entwickelt. Ehrgeiz und Zielorientierung sind hoch. Er hat das Gefühl, dass seine Arbeit entsprechend gewürdigt wird, und zeichnet sich durch Engagement und Arbeitszufriedenheit aus. Der Psychologische Arbeitsvertrag ist aufrecht. Er bezieht Sinn und Lebensfreude sowohl aus dem Privatleben als auch aus der Arbeit. Die Dimension Lebenszufriedenheit ist am höchsten entwickelt.

Schontyp

Der Schontyp hat ein verringertes Engagement in der Arbeit. Der Psychologische Arbeitsvertrag ist offensichtlich gestört. Die Arbeit ist für ihn wenig bedeutsam, die Verausgabungsbereitschaft sehr gering. Die trotzdem vorhandene Lebensfreude (geringer als beim Gesundheitstyp) ist dem Privatbereich zuzuschreiben. Gesundheitlich gibt es keinen akuten Handlungsbedarf, langfristig wirkt sich der gestörte Psychologische Arbeitsvertrag aber ungünstig auf die Lebensqualität aus. Die Auswirkungen auf die Arbeitsleistung und auf das Teamklima sind jedenfalls negativ! Interessant ist in diesem Zusammenhang die Frage, was diese Reduktion des Engagements verursacht hat. Von einer massiven persönlichen Belastung im Privatbereich (Pflege von Angehörigen, Krankheit, Hausbau) bis hin zu selbst gewählten Zusatzaktivitäten in der Freizeit (Leistungssport, zweites berufliches Standbein, exzessiv gelebtes Hobby, politische Funktion, Funktion im Verein) reicht die Palette. Eine Seminarteilnehmerin hat uns mit ihrer Begründung, warum sie in der Arbeit nichts leisten will, besonders überrascht: „Ich habe es im Leben immer schwer gehabt, mir steht eine lockere Einstellung zur Arbeit zu!"

Neben dieser Begründung: Schonhaltung als vermeintlicher Schutz gegen Überlastung, kommt es zu dieser Haltung aber auch aus Protest: „Man hat mich bei der Beförderung übergangen, jetzt mach ich Dienst nach Vorschrift." „Die Firma bricht ständig Vereinbarungen, sie haben sich das selbst zuzuschreiben, wenn ich mein Engagement zurückfahre." „Meine Chefin behandelt mich schlecht, jetzt achte ich darauf, ja nicht zu viel zu arbeiten!"

Für Führungskräfte stellt der „Schontyp" eine große Herausforderung dar. Im Modell des Gesunden Führens handelt es sich um Mitarbeiter mit einem gestörten oder gebrochenen Psychologischen Arbeitsvertrag.

Stresstypus A

Hier haben wir es mit Menschen zu tun, die der Arbeit eine überhöhte Bedeutung zumessen. In den Dimensionen Verausgabungsbereitschaft und

Bedeutsamkeit der Arbeit weist dieser Typus extrem hohe Werte aus. Für den hohen Einsatz und das übersteigerte Engagement fehlt jedoch die emotionale Entsprechung in Form von Anerkennung. Der Psychologische Arbeitsvertrag ist gestört, da immer das Gefühl im Vordergrund steht, für das, was man leistet, zu wenig zurückzubekommen. Dieses Missverhältnis zwischen hoher Verausgabung und Einsatzbereitschaft und geringer Belohnung nennt man in der Psychologie Gratifikationskrise. Im Modell der beruflichen Gratifikationskrise hat Johannes Siegrist einen Zusammenhang zwischen diesem Muster und Herzinfarkt nachgewiesen (drei- bis vierfaches Risiko). In unserem Modell der Gesunden Gespräche haben wir es mit Typ „Kann gut/Will zu viel" zu tun.

Stresstypus B

Bei diesem Typus sind die eingeschränkte Lebensfreude und der Mangel an sozialer Unterstützung am auffälligsten. Es fehlen wichtige Faktoren für Resilienz: Die offensive Problembewältigung ist sehr gering, die Resignationstendenz sehr hoch. Die geringe Leistungsfähigkeit kommt nicht aus einem gebrochenen Psychologischen Arbeitsvertrag, sondern aus einer allgemeinen Energielosigkeit, fast immer durch eine schwierige persönliche Situation bedingt. In vielen Fällen führt dieses Muster zu Burnout. In unserem Modell der Gesunden Gespräche sprechen wir von „Will/Kann nicht mehr".

Was können Führungskräfte im Umgang mit Stress bewirken?

CHECKLISTE

Stress im Team

Wahrnehmung

Beschreiben Sie die Situationen, die in Ihrem Team Stress verursachen:

- → Wie hoch ist der Leidensdruck?
- → Wer ist in welchem Ausmaß betroffen?
- → Gibt es Unterschiede in der Intensität?
- → Gibt es Unterschiede im zeitlichen Ablauf?

Verantwortungsspielräume identifizieren

Externe Anforderungen:

- → Habe ich Einfluss auf die Rahmenbedingungen?
- → Habe ich Einfluss auf das Eintreten der Situation?

Interne Anforderungen:

- → Gibt es eigene Haltungen, Einstellungen und Erwartungen, Antreiber, die einen Einfluss auf die Stresssituation haben?

Externe Ressourcen:

- → Gibt es Unterstützung, Hilfestellungen außerhalb des Teams, die noch nicht aktiviert wurden?

Interne Ressourcen:

- → Welche eigenen Stärken haben wir im Team, die zurzeit nicht abrufbar sind?

Lösungssuche

- → Können wir externe Anforderungen verringern?
- → Können wir externe Unterstützung in Anspruch nehmen, Leistungen zukaufen?
- → Welche inneren Antreiber können wir herabsetzen?
- → Welche internen Ressourcen können wir aktivieren bzw. weiterentwickeln?
- → Gibt es Schulungsangebote zum Thema Stress und Burnout?

3.2. Das Sichtweisenmodell

Seht ihr den Mond dort stehen?
Er ist nur halb zu sehen
und ist doch rund und schön!
So sind gar manche Sachen,
die wir getrost belachen,
weil unsre Augen sie nicht sehn!

Das ist eine Strophe aus dem wohl vielen bekannten Lied „Der Mond ist aufgegangen“. Die Worte hat Matthias Claudius im Jahr 1776 geschrieben. Der

Konstruktivismus ist zwar eine philosophische Richtung des 20. Jahrhunderts, doch liest man diese Reime aus dem „Abendlied", könnte man in Claudius einen frühen Vertreter vermuten!

Das Bild des vollen Mondes, der als Kreis am Himmel erscheint, mag uns als Sinnbild für etwas Ganzes erscheinen, ganz gleich, welchen Inhalt dieses Ganze repräsentieren soll. Das mag die ganze Wahrheit über einen Menschen sein, eine Familie, die ganze Wahrheit über ein komplexes Projekt genauso wie die ganze Wahrheit über die Entstehungsgeschichte eines Gerüchts. Anders als beim Mond, der immerhin zumindest einmal im Monat als ganzes Rund zu sehen ist (und auch da müssen wir uns vor Augen führen, dass das nur eine beschränkte Sicht auf die tatsächliche Gestalt und die vielfältigen Erscheinungsformen des Mondes ist!), sehen einzelne Betrachter von den vielen Teilaspekten einer Sache immer nur einen Ausschnitt. Ihren persönlichen Ausschnitt!

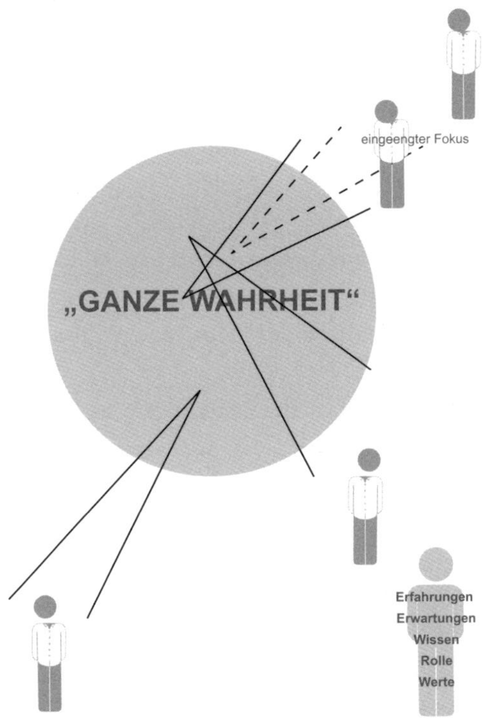

Abb. 11: Sichtweisenmodell

Wovon hängt es ab, welchen Ausschnitt ich sehe? Denken Sie an das Eisbergmodell des Verhaltens. Alles, was unter der Wasseroberfläche liegt, beeinflusst meine Sicht der Dinge. Meine Vorerfahrungen, meine daraus gewonnenen Überzeugungen, meine Werte, meine Ziele, meine Erwartungen. Meine Rolle, aus der heraus ich auf eine bestimmte Sache schaue. Meine Emotionen, die ich mit dieser Sache verbinde. Je unbelasteter ich auf etwas schauen kann, umso weiter wird mein Blick sein, je involvierter ich bin, umso fokussierter, enger wird der beobachtete Ausschnitt sein (siehe auch die Dynamik von System 1 und System 2 in Kapitel 1).

Das allein wäre noch nicht besorgniserregend! Problematisch wird es dann, wenn ich meinen mehr oder weniger engen Ausschnitt für die ganze Wahrheit haltend bereit bin, mich mit allen Konsequenzen für diese Wahrheit einzusetzen.

Nehmen wir an, Person B blickt mit mir auf die gleiche Sache. Sieht sie das Gleiche wie ich? Wohl kaum, denn unsere „Eisberge" unterscheiden sich wie unsere Fingerabdrücke! Wer hat nun eher recht? Und was würde eine dritte Person sehen?

Wir haben nun die Möglichkeit, für unsere jeweiligen Wahrheiten zu kämpfen, schlagende Argumente zu finden, die anderen mit Kampfrhetorik unter den Tisch zu reden. Ist die Wahrheit dann, wenn das gelungen ist, auf unserer Seite? Wissen wir mehr vom Ganzen oder haben wir nur unseren Ausschnitt besser abgegrenzt und gegen Kritik immunisiert? Diese Vorgehensweise geht in die Richtung der Debatte, der Diskussion. Ein Spiel, das „Entweder–oder" heißt.

Eine andere Möglichkeit besteht darin, seine Sichtweise darzulegen und gleichzeitig, im Bewusstsein, dass diese nur ein Teil des Ganzen sein kann, neugierig auf die Ansichten der anderen Beteiligten zu sein. Und noch weiter nachzuforschen: „Das sehen wir. Was würde Frau X dazu sagen, wenn sie hier mitreden könnte? Welche Sicht könnte Herr Y mit seiner besonderen Rolle einbringen? Was können wir alle miteinander jetzt gerade nicht sehen?" Das ist eine schöne Möglichkeit, in einen Dialog zu kommen, im Zusammenlegen der Ausschnitte Erkenntnisse zu generieren, die einer allein nie hätte haben können. Interesse ist dabei die bestimmende Emotion. Das ist das Spiel „Sowohl als auch".

Vielleicht ist jetzt deutlich geworden, warum ein Buch zum Konstruktivismus „Wahrheit ist die Erfindung eines Lügners“ (Heinz von Förster) heißt und Paul Watzlawick fragt: „Wie wirklich ist die Wirklichkeit?“. Die Grundaussage dessen ist, dass es keine Wahrheit, keine Wirklichkeit an sich gibt, sondern nur Konstruktionen von Wirklichkeit, die für den Konstrukteur den Gehalt einer persönlichen Wahrheit haben. Wir konstruieren unsere persönlichen Landkarten, die wir meist für die reale Landschaft halten.

Was heißt das nun? Ist alles, was jemand sieht, gleichwertig wahr? Muss alles akzeptiert werden? Damit die so entstandene Komplexität gestaltbar bleibt, braucht es Konventionen und Rahmensetzungen. Betriebsvereinbarungen, das Firmenleitbild, gemeinsam verfasste Regeln, das Fokussieren auf den gemeinsamen Auftrag, das Betrachten von wünschenswerten Zielen können zu solchen Rahmensetzungen führen. Dann wird deutlicher sichtbar, was in Bezug auf bestimmte Fragen relevant ist und was nicht.

Wie verwenden Sie nun dieses Sichtweisenmodell in der Praxis? Wir werden Ihnen einige Anwendungsmöglichkeiten sowohl für die Gespräche mit Einzelnen als auch mit Arbeitsgruppen und Teams aufzeigen.

3.2.1. Konfliktberuhigung

Führen wir uns eine Gesprächssituation mit einem Mitarbeiter – nennen wir ihn Z – vor Augen. Mag sein, er ist aus irgendeinem Grund auf Kollegin U, mit der er an einem Projekt arbeitet, wütend und bringt seine Position entsprechend emotional vor. Sie lassen ihn erst einmal reden und hören aufmerksam zu. Ab dem Moment, wo keine neuen Informationen mehr übermittelt werden, unterbrechen Sie und fragen, ob Sie zusammenfassen dürfen, worum es ihm, Kollegen Z, aus Ihrer Sicht in dieser Sache gehe. Sie fassen das Gehörte bereits in Hinblick auf die Sichtweise des Z zusammen, etwa: Sie haben den Vorfall so erlebt …, Ihnen war zu dem Zeitpunkt besonders wichtig …, einer Ihrer Werte, der in diesem Fall verletzt wurde, ist …, das, was Sie in der Sache am meisten wünschen … Vergewissern Sie sich, ob Ihre Übersetzung des Gesagten für Mitarbeiter Z stimmig ist. Anschließend könnten Sie auf einem Blatt Papier einen Kreis als Symbol für alles, was zu diesem Projekt gehört, zeichnen und die Sichtweise des Mitarbeiters Z als einen Ausschnitt eintragen. Damit dokumentieren Sie, dass Sie das Gesagte „für wahr nehmen", sie können das natürlich auch aussprechen. Fragen Sie nun, wovon Z denkt, dass es Mitarbeiterin U am Projekt besonders wichtig ist, welche Vermutung er darüber hat, welche Werte von Frau U im Projekt mitspielen, wie sie aus ihrer Rolle heraus den Vorfall erlebt haben könnte.

Sie merken schon, Sie erfragen nicht den Gegensatz, sondern begleiten einfach den Prozess, den Kopf ein wenig weiterzudrehen und aus einer anderen Perspektive auf das Problem zu schauen. Wählen Sie noch zwei, drei relevante Mitspieler aus, möglichst mit unterschiedlichen Rollen und damit Interessen am Projekt. Lassen Sie Herrn Z Hypothesen bilden, was deren Anliegen sei, was sie, wären sie zu bestimmten strittigen Themen befragt worden, wohl aus ihrer Rolle heraus gesagt hätten. Fragen Sie auch, welche Handlungsweisen die Dinge weiter verschlimmern würden, wem das Gelingen am meisten, wem am wenigsten am Herzen liege, was bis jetzt richtig gut gelaufen sei und wer genau was dazu beigetragen habe. Bringen auch Sie sich mit Ihrer Sichtweise aus Ihrer Rolle heraus ein, ohne sich jedoch zu einem abschließenden Urteil verlocken zu lassen! Fragen Sie nun Mitarbeiter Z, ob sich durch diese Art, auf das Thema zu schauen, etwas verändert habe, wie seine Emotion nun sei, ob es eine Idee, einen Ansatz gebe, wie die Sache mit Mitarbeiterin U besprochen werden könnte.

Unsere Annahme ist, dass nach diesem Prozess der Blick weiter geworden ist, der Ärger gemildert und dass ein wesentlich breiteres Lösungsfeld entstanden ist.

Diese Art des Fragens heißt in der Beratung „zirkulär". Sie können diese Methode natürlich genauso mit zwei oder mehreren Beteiligten anwenden oder auch alleine, um aus einer destruktiven Enge im Kopf in Bezug auf einen Menschen oder eine Sache herauszukommen. Lassen Sie Ihrer Phantasie freien Lauf, um mit unerwarteten Fragen möglichst viele Ausschnitte im Kreis abzufragen!

Wann kann die Methode nutzbringend eingesetzt werden? Wenn Sie merken, dass sich in einem Team Positionen verfestigen und Fronten verhärten, kann dieses Vorgehen eine beginnende Cliquenbildung abfangen, bevor diese das Team in seiner Leistungsfähigkeit beeinträchtigt. Wenn Entscheidungen im Hinblick auf Vorgehensweisen, Werkzeuge etc. im Entweder–

oder stecken geblieben sind, wenn Sorgen, Ängste und Jammern einiger Mitarbeiter alle anderen anzustecken drohen, dann ist das Sichtweisenmodell ein brauchbares Werkzeug. Wenn Sie es in der Gruppe anwenden möchten, brauchen Sie ein Flipchart, damit alle den Prozess des Zuwachses an Sichtweisen mitverfolgen können. Schreiben Sie ruhig auch Stichworte in die Ausschnitte. Fragen Sie zum Schluss: „Worauf schauen wir alle gerade nicht?“ „Gibt es relevante Anteile, die wir außer Acht lassen?“ Damit wird ein gemeinsamer Suchprozess in Gang gesetzt.

3.2.2. Problemlösung

Eine Variante in der Anwendung des Sichtweisenmodells ist die sogenannte Walt-Disney-Strategie.

Bei dieser Methode, die auf den bekannten Filmemacher Walt Disney zurückgeht, wird eine Aufgabenstellung oder ein Problem stets aus drei Blickwinkeln betrachtet. Von Walt Disney stammt das Zitat: „There were actually three different Walts: the dreamer, the realist and the spoiler.“ Der Visionär, der Realist und der Miesmacher. Dieses Vorgehen empfehlen wir bei Entscheidungen, bei denen die Gruppe von allzu viel Skepsis gelähmt ist, aber natürlich ist die Methode auch von Einzelpersonen anzuwenden.

Stellen Sie zu dem Thema, das betrachtet werden soll, eine Frage, bevor darauf im Anschluss in drei Runden geblickt wird.

In der ersten Runde setzen sich alle die rosarote Brille der Träumer und Optimisten auf. Was wird gelingen, wer wird unterstützen? Was sind die besten Optionen? Worüber haben wir noch nicht nachgedacht? Wie sehr wird uns der fertige Prozess erfreuen? Sie lassen nur positive Aussagen zu! Diskussionen oder abwertende Äußerungen werden sofort unterbunden!

In der zweiten Runde wird die klare Brille der Realisten aufgesetzt. Der Realist arbeitet die Visionen der Träumer weiter aus. Er überlegt sich Umsetzungsschritte, entwickelt Ziele und Zwischenziele und übersetzt die Träume in die reale Welt.

Zum Schluss setzen sich alle Beteiligten sinnbildlich die dunkelgraue Brille der Skeptiker, der Kritiker auf. Was kann alles schiefgehen? Was ist das Schlimmste, das eintreten könnte? Welche Widerstände, welche Fallen lauern?

Was wird mühsam, was ist gefährlich? Sie lassen in dieser Runde nur Aussagen von Kritikerinnen und Kritikern zu!

Wenn wir die Gefahren, auf die wir vom Skeptiker hingewiesen werden, ernsthaft prüfen und die Optionen, die der Träumer aufzeigt, auf den Boden der Realität bringen, was zeigt sich dann an Lösungsansätzen? Welche Emotion entsteht beim realistischen Hinschauen? Was ist machbar? Welche Risiken können wir eingehen, ohne uns ernsthaft zu gefährden?

Diese Herangehensweise, unterschiedliche Zugänge in strukturierter Form konstruktiv zu bearbeiten, begegnet uns auch in vielen anderen Methoden der Organisationsentwicklung. Bei Führungskräften sehr bekannt ist die sogenannte SWOT-Analyse. Bei dieser Methode zur Strategieentwicklung wird eine komplexe Frage aus verschiedenen Blickwinkeln betrachtet. In unseren Führungskräfteausbildungen arbeiten wir auch mit Methoden der Fallarbeit. Für einen „Fall", also eine bestimmte Fragestellung, werden für das Gesamtsystem relevante Gruppen durch unterschiedliche Teilnehmer repräsentiert (z.B. Vorgesetzte, Management, Kunden, Betriebsrat, Innendienst, Produktion).

Wenn Sie dieses Werkzeug immer wieder in unterschiedlichen Varianten im Team einsetzen, können sich das Teamlernen, das gemeinsame Denken in Ihrem Team auf konstruktive Weise entwickeln, sodass Unterschiede als Bereicherung erlebt werden.

3.3. Modell der Einflussbereiche

Wenn wir uns mit psychischer Gesundheit auseinandersetzen, mit Resilienz oder Salutogenese, begegnen uns immer wieder sogenannte „generalisierende" Widerstandskräfte. Im Resilienz-Konzept spricht man von einer „proaktiven Grundhaltung", von „Akzeptanz" und „Lösungsorientierung". Antonovsky beschreibt „Handhabbarkeit"als Fähigkeit, eigene Handlungsfelder zu identifizieren und Ressourcen bereitzustellen. Im AVEM-Stresstest sind „Offensive Problembewältigung" und „Resignationstendenz" wesentliche Dimensionen für Gesundheit.

Der 2012 verstorbene Autor Stephen Covey, der mehrere Bestseller zum Thema Lebensführung geschrieben hat – „Die 7 Wege zur Effektivität" ging 20 Millionen Mal über den Ladentisch –, hat uns mit seinem Modell Circle of Influence/Circle of Concern die Grundlage für ein Werkzeug gegeben, das wir seit vielen Jahren bei der Begleitung von Menschen und Teams erfolgreich einsetzen. Obwohl es ein sehr einfaches Konzept ist, sind wir immer wieder aufs Neue verwundert, wie schnell der Einsatz dieses Instruments zu mehr Handlungsfähigkeit führt.

Covey unterscheidet zwei Bereiche: den Interessensbereich (Circle of Concern) und den Einflussbereich (Circle of Influence).

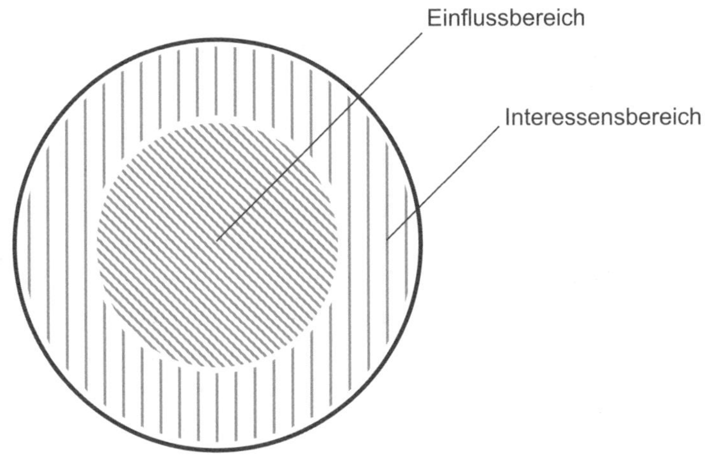

Abb. 12: Das Modell der Einflussbereiche (Stephen Covey)

Der Interessensbereich umfasst die Dinge, die uns beeinflussen, die unsere Lebensqualität berühren. Aber auch wenn sie uns noch so wichtig sind – auf viele dieser Dinge haben wir keinen Einfluss, wir können nur auf sie reagieren. So bestimmt etwa die Vergangenheit unsere Gegenwart – unsere frühkindlichen Erfahrungen können wir nicht verändern. Auf die Politik und Gesetze in fremden Ländern haben wir überhaupt keinen Zugriff, im eigenen Land auch nur bedingt. Andere Menschen können wir genauso wenig verändern wie das Wetter.

Im eigenen Einflussbereich hingegen können wir proaktiv sein, gestalten und Dinge verändern. Für welche Lebensform wir uns entscheiden, in welcher Firma wir arbeiten, ist unsere Entscheidung. Ob wir uns gesund ernähren, ausreichend Bewegung machen, können wir selbst gestalten.

Dass es diese beiden Bereiche gibt, ist wohl jedem klar, interessant ist allerdings, wie wir mit dieser Tatsache umgehen.

3.3.1. Typ A: Problemorientierte Grundhaltung

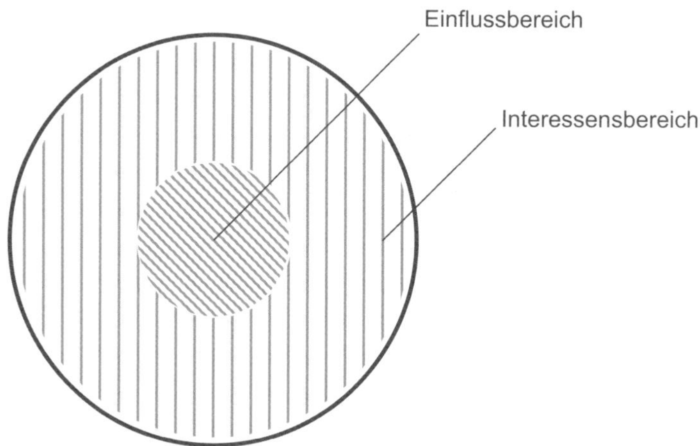

Abb. 13: Problemorientierte Grundhaltung

Menschen mit diesem Muster machen hauptsächlich die Rahmenbedingungen für Probleme und ihr Lebensgefühl verantwortlich. Sie haben die Grundhaltung, dass die von ihnen benannten Probleme nur durch Handeln von außen gelöst werden können, und empfinden sich selbst als hilflos und ausgeliefert.

Zwei Spielarten dieses Problemtyps können wir beobachten:

- Menschen mit depressiver Grundstimmung: „So ein Pech! Hätte ich damals doch nur …“, „Seitdem dieses Ereignis eingetreten ist, kann ich ja nur …“, „Ich kann nichts dafür!“ Die Energie richtet sich auf Schuldzuweisungen, oft an sich selbst, „ja aber“ und „warum“ sind häufig verwendete Wörter. Klagen, Jammern und Lamentieren gehören dazu. Falls Lösungsideen überhaupt geäußert werden, so sind sie meist unrealistisch und außerhalb der eigenen Handlungsmöglichkeiten.
- Menschen mit aggressiver Grundstimmung: „Das lasse ich mir nicht gefallen!“, „Die sollen dafür zur Verantwortung gezogen werden!“, „Rache!“ Die oft sehr heiße Energie richtet sich auf Abwehr des nicht mehr Verän-

derbaren. Die hier geforderten Lösungen sind unrealisierbar, meist radikal im Ansatz und jedenfalls außerhalb des eigenen Zugriffs. Die oft zitierten Stammtischpolitiker lassen grüßen!

Beide Haltungen verstärken die selbst wahrgenommene Inkompetenz. Wer permanent seine Energie auf Unabänderliches richtet, merkt, dass er nichts ändern kann. Hilflosigkeit und Frustration sind die Folge. Martin E.P. Seligman, einer der Pioniere der Positiven Psychologie und ein bekannter Glücksforscher, hat nachgewiesen, dass dieses Muster der erlernten Hilflosigkeit den Organismus unter Stress setzt (Seligman, Der Glücks-Faktor, 2009). Er vergleicht das aus dieser Haltung resultierende Gesundheitsrisiko mit dem täglichen Konsum von drei Schachteln Zigaretten! Diese problemorientierte Haltung spielt auch im Entstehungsprozess von Burnout eine nicht zu unterschätzende Rolle.

3.3.2. Typ B: Proaktive Grundhaltung

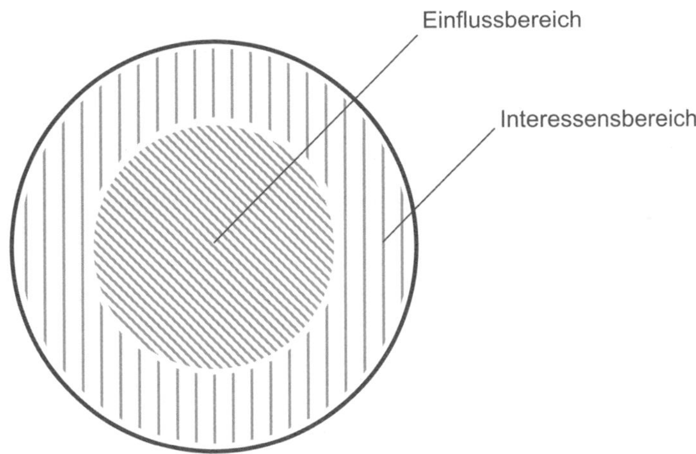

Abb. 14: Proaktive Grundhaltung

Menschen dieses Typs unterscheiden klar Umstände und Situationen, die sie gestalten und verändern können, von solchen, die sie akzeptieren müssen. Sie benennen zwar klar die negativen Ursachen, schaffen es aber, sich zu distanzieren und die Energie auf das zu fokussieren, was sie selbst beeinflussen können.

„Dass ich krank wurde, ist unangenehm und ärgerlich, aber wie kann ich den Heilungsprozess beschleunigen bzw. damit trotzdem in möglichst hoher Qualität leben?" „Dass meine Beziehung in die Brüche gegangen ist, habe ich mir nicht ausgesucht, aber jetzt richtet sich meine ganze Energie darauf, unseren Kindern in dieser neuen Situation Stabilität zu geben." Oder ein Beispiel aus dem beruflichen Kontext: „Die Zusammenlegung zweier Filialen bedeutet für mich eine echte Mehrbelastung. Ich kann es jedoch nicht abwenden. Entweder suche ich mir einen neuen Job oder ich werde es akzeptieren und das Beste daraus machen!" Diese Haltung erzeugt ein Gefühl der Handlungsfähigkeit, die Gewissheit, die Dinge im Griff zu haben, kontrollieren zu können. Stress wird vermindert und die Ressourcen, um mit den entstandenen Anforderungen umgehen zu können, bleiben zugänglich oder können durch eine konstruktive Lösungssuche entwickelt werden.

Wir haben Coveys Grundmuster modifiziert und wenden es in der Begleitung von Teams an. Im Unterschied zu Covey unterscheiden wir drei Bereiche, die wir mit den Ampelfarben symbolisch koppeln:

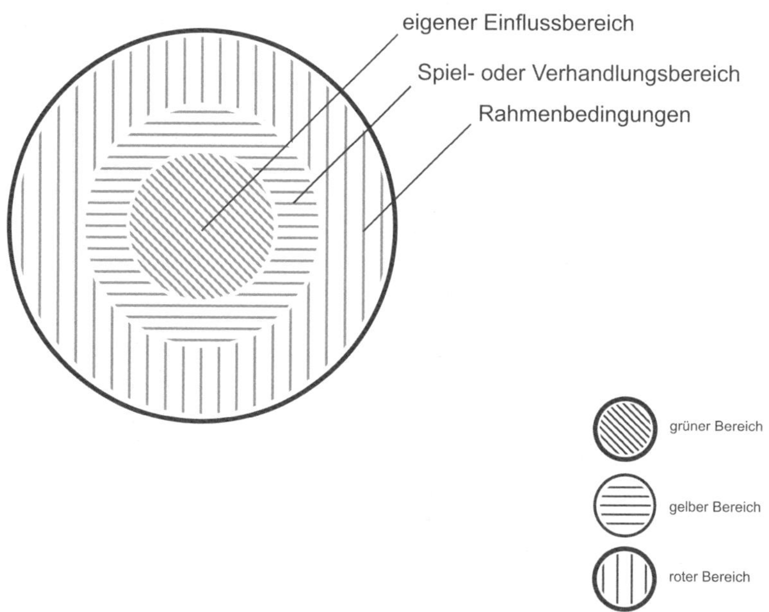

Abb. 15: Modell der Einflussbereiche – Weiterentwicklung

3.3.3. Rahmenbedingungen (roter Bereich)

Die rote Ampelfarbe steht für STOP – ab hier ist kein Zugriff möglich. Dieser Bereich beschreibt alle jene Themen, die zwar Einfluss auf den Arbeits- oder Lebensbereich haben, durch mich aber nicht oder zumindest nicht zum gegenwärtigen Zeitpunkt verändert oder entscheidend beeinflusst werden können. Eine allzu intensive Beschäftigung damit würde meine Energie und Tatkraft von jenen Themen abziehen, bei denen ich durch eigenes Handeln etwas bewirken kann.

3.3.4. Spiel- oder Verhandlungsbereich (gelber Bereich)

Die gelbe Ampelfarbe ruft zu erhöhter Aufmerksamkeit auf. Hier geht es um Themen, die einen Handlungs- oder Verhandlungsversuch lohnen. Ich gehe mit einem Angebot ins Spiel und gebe mein Bestes. Allerdings weiß ich nicht, ob ich mich durchsetzen werde, ob ich überzeugen kann, sodass alle Beteiligten gemeinsam eine Konsenslösung erarbeiten oder ob ich einsehen muss, dass ich bei einem „roten" Thema gelandet bin. Wie im Spiel kann ich im gelben Bereich gewinnen oder verlieren, doch ist es wichtig, es bei Themen, die mir am Herzen liegen, wenigstens versucht zu haben! Im Spielbereich klärt sich auch, ob ein Thema doch mehr selbst zu gestaltende Anteile hat, also zu Grün tendiert, oder sehr schwer bis gar nicht beeinflussbar ist, also eher zu Rot neigt. Das ist ja im Vorhinein nicht immer erkennbar. Zum gelben Bereich gehören auch alle zwischenmenschlichen Interaktionen. „Ich kann einen anderen Menschen nicht ändern. Ändern kann ich nur mich selbst!" – eine bekannte, wenn auch von vielen unbeliebte Erkenntnis aus der Persönlichkeitsentwicklung. Ich kann allerdings Angebote machen, die es dem Gegenüber erleichtern, in anderer Weise zu handeln als zuvor. Wenn der Versuch misslingt, meine Aktion eine wenig erwünschte Reaktion zeitigt, kann ich ein neues Handlungsangebot legen und beobachten, wie dieses wirkt. Vielleicht wird dadurch deutlich, warum wir diesen Bereich „Spielbereich" nennen: Ich spiele mit meinen Möglichkeiten, aber kann das Ergebnis nicht allein bestimmen.

Führungskräfte sollten den gelben Bereich lieben, denn die Führungsaufgabe verlangt häufig, in Verhandlungen mit allen Ebenen zu sein, sei es, um für Mitarbeiter gute Bedingungen zu erreichen, Ressourcen an Land zu ziehen, mit nebengereihten Abteilungen die Arbeitsaufteilung auszumachen oder mit dem eigenen Team Vereinbarungen zu treffen.

3.3.5. Eigener Einflussbereich (grüner Bereich)

Grün steht für „Geh!". Hier ist eigenes Handeln möglich, die eigene Lösungssuche erwünscht. Bei Themen aus diesem Bereich kann ich einen Zusammenhang zwischen meinem Tun und den Auswirkungen herstellen, aus meiner Tatkraft heraus kann ich Erfolg erleben und Sinn lukrieren. Natürlich kann ich im grünen Bereich auch scheitern! Aber dann sollte für mich nachvollziehbar sein, was schiefgegangen ist, worin mein Anteil daran bestanden hat, und daraus lernen, um es beim nächsten Mal besser zu machen. Würde ich nun den Fehler über die notwendige Reflexionszeit, die mein Lernen braucht, hinaus bedauern, so wäre ich unversehens in den roten Bereich gerutscht! Vergangenes kann nicht mehr verändert werden, ist also eindeutig Rot!

Zu Beginn eines Workshops oder eines Seminars schildern wir stets den Auftrag, fragen aber die Teilnehmer auch nach ihren eigenen Erwartungen an diese Veranstaltung. Beim Sammeln der formulierten Themen, Wünsche und Erwartungen beobachten wir sehr oft, dass es dabei um Dinge geht, die längst entschieden sind oder die nie und nimmer in der Verantwortung der anwesenden Führungskraft liegen. Unser Modell der Einflussbereiche hilft beim Ordnen und stellt Arbeitsfähigkeit her.

- ➔ ***Roter Bereich:*** Strategie, Managemententscheidungen, Personal, Budget, Gesetze, Marktsituation, geopolitische Lage, Politik, Gehaltsschema, gesellschaftliche Entwicklungen etc.
- ➔ ***Gelber Bereich:*** Beziehung zu Schnittstellen, Kundenbeziehungen, Verhandlungen mit vorgesetzten Stellen oder Personen, zwischenmenschliche Probleme etc.
- ➔ ***Grüner Bereich:*** Teamkultur, Kommunikation im Team, Arbeitsaufteilung, viele Prozesse, Umgang mit Kunden etc.

Die Unterscheidung ist natürlich in der Praxis nicht immer klar zu treffen. Manche Teams haben wesentlich mehr Spielraum und können wesentlich mehr Dinge entscheiden als andere. Aber unserer Erfahrung nach wissen die

Teams sehr genau, welches Thema welchem Bereich zuzuordnen ist. Immer wieder begeistert uns, wie sehr die Art, in Einflussbereichen zu denken, Teams dabei unterstützt, arbeitsfähig zu werden und sich selbst wieder zu ordnen.

3.3.6. To-dos für Führungskräfte

→ Reflexion des eigenen Zugangs. Wer selbst über Unabänderliches klagt und das Machbare übersieht, darf sich nicht wundern, wenn sich diese Haltung im Team spiegelt.

→ In den Gesunden Gesprächen darauf achten, dass diese auch im grünen Bereich stattfinden. Empathisches Zuhören im Bereich des Klagens und Jammerns ist notwendig, aber in erster Linie muss Raum für den eigenen Verantwortungsbereich geschaffen werden. Bei Erwartungen an die Führungskraft, die sich in deren roten Bereich befinden, sogleich Klarheit und Durchschaubarkeit schaffen!

→ Das Konzept vorstellen und erklären. In vielen von uns begleiteten Organisationen ist der „Rote Bereich" („nicht beeinflussbar") bereits ein geflügeltes Wort. Das Wissen darum löst meist einen kulturellen Wandel aus: Vom Jammern zu mehr Akzeptanz und Handlungsfähigkeit.

→ Bei informellen Anlässen (Kaffeerunden, Mittagessen) nicht mitjammern. Man verzichtet zwar auf das heimelige Gefühl, dazuzugehören und seinem Herzen auch einmal Luft machen zu dürfen, doch verstärken sich dadurch im Team Hilflosigkeit und Handlungsunfähigkeit. Und das ist ungesund und Stress auslösend!

→ Auch Führungskräfte können einmal den Mut verlieren, den grünen Bereich nicht mehr sehen und das Gefühl haben, mit diesen Rahmenbedingungen nicht zurande zu kommen. Doch das sollte nicht mit den Mitarbeitern besprochen werden (Begründung siehe vorne), sondern mit den Führungskollegen auf gleicher Ebene, einem Mentor, der eigenen Führungskraft oder einem Coach. Manchmal tut ein wenig Klagen gut und hilft, den Blick wieder zu weiten.

→ Bei Besprechungen Energie und Zeit jenen Dingen widmen, die in der eigenen Verantwortung liegen.

→ Zielformulierung und Lösungsfindung nur im eigenen Bereich anstreben.

3.4. Das Verantwortungsmodell

Das Verantwortungsmodell stellt in einem auf zwei Mitspieler vereinfachten Schema dar, welcher Dynamik Arbeitsbeziehungen im Team unterworfen sind. Nutzen Sie das Modell als Beobachtungsfolie für eigene Arbeitsbeziehungen und die Beziehungen im Team, für dessen Führung Sie zuständig sind!

Bei Anwendung des Verantwortungsmodells treffen wir die Grundannahme, dass es so etwas wie eine gesunde Mittellinie im gemeinsamen Verantwortungsfeld gibt. Das ist keine streng berechenbare Mitte, sondern lässt zu, dass einer auch einmal mehr Unterstützung vom anderen braucht, einer in Krisenzeiten vorübergehend weniger einbringt. Allerdings sollten im überschaubaren Zeitraum von ein, zwei Jahren die eingebrachten Leistungen für die gemeinsame Aufgabe als gleichwertig empfunden werden.

Nehmen wir an, zwei Mitarbeiter arbeiten gemeinsam an einer Aufgabe. Mitarbeiterin A ist langjährig im Team, verfügt über hohe Kompetenz und viel Routine. Sie ist bestrebt, ihre Aufgaben in guter Qualität zu erledigen, ist schnell und zuverlässig. Sie gilt als hilfsbereit und kollegial. Mitarbeiter B kommt neu ins Team. Die fachliche Vorbildung ist gut, die Aufgaben sind allerdings in der gestellten Form ungewohnt. An einigen Dynamiken soll nun nachvollziehbar gemacht werden, wie Dysbalancen im Team entstehen können:

Mitarbeiterin A zeigt ihrem Kollegen B die Durchführung einiger Detailabläufe. Kollege B bringt eigene Zugänge ein, einige erste Resultate sind nicht so perfekt wie die Ergebnisse, die A produziert hat. (Um welche Arbeitsinhalte es hier geht, ist völlig austauschbar; es kann sich um ein Besprechungsprotokoll, eine Baugrube oder einen Vertrag handeln.)

Mit welchen Gedanken könnte A reagieren? Zum Beispiel: „Wird schon werden! Dem fehlt Routine!“ Oder: „Oje, welchen Versager haben wir da an Land gezogen?“

Mit welchen Gedanken könnte B reagieren? „Aus Fehlern wird man klug! Das nächste Mal probiere ich es auf andere Weise!“ Oder: „Oje, so gut wie A werde ich wohl nie! Wie stehe ich jetzt da?!“

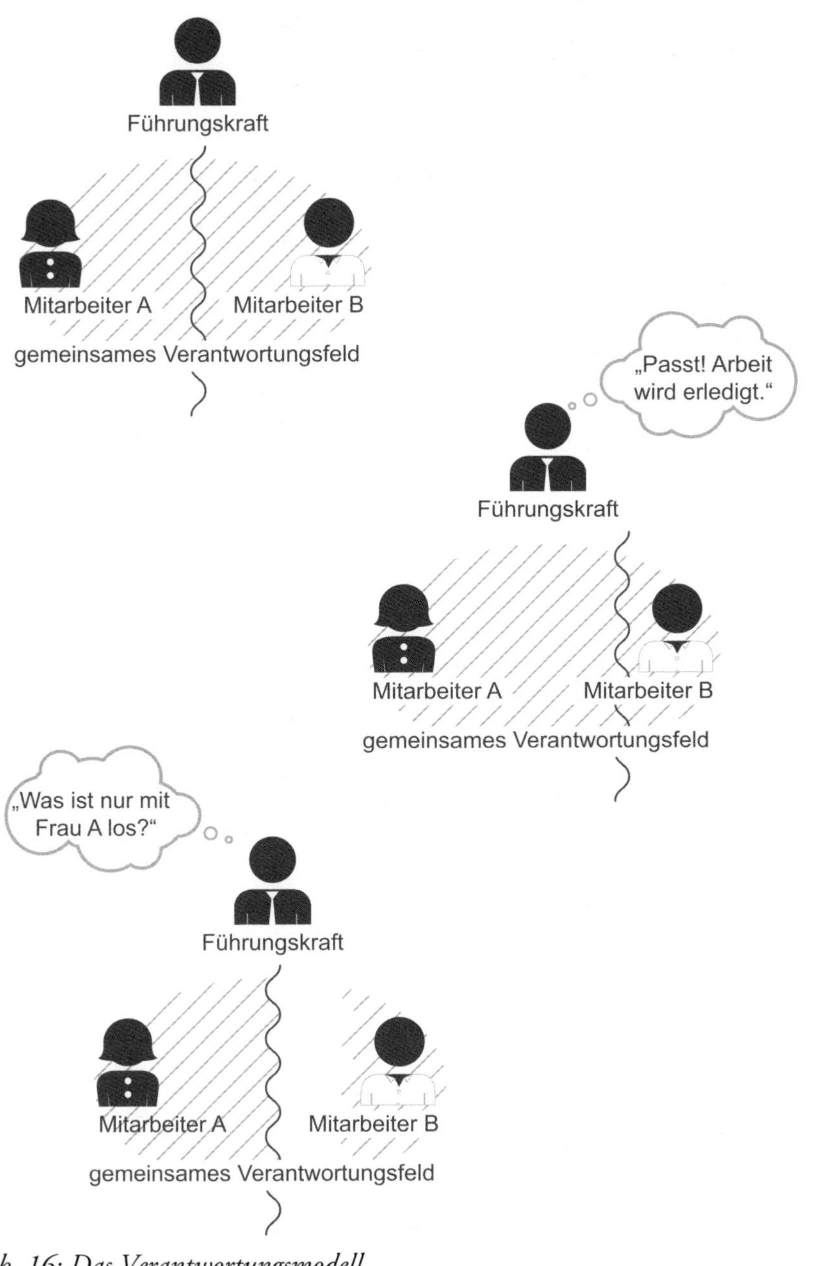

Abb. 16: Das Verantwortungsmodell

Das, was wir denken, beeinflusst in hohem Maße, wie wir uns verhalten. Im ersten Fall kann es sein, dass A geduldig ist, ausprobieren lässt, B im positiven Sinn seine eigenen Fehler verantworten lässt und ihn dabei unterstützt, weiterzukommen. B entwickelt Ehrgeiz, merkt, dass für die Einarbeitungszeit erhöhter Einsatz und Aufmerksamkeit vonnöten sind, und beteuert, wie wichtig es ihm sei, bald gleichwertige Arbeit leisten zu können. Das heißt, er hat ein Gefühl für Fairness und spricht das noch vorhandene Ungleichgewicht an. Da ist die „gesunde Grenze“ noch nicht bedroht.

Die zweite Variante erhöht die Wahrscheinlichkeit, dass A die Sache in die Hand nimmt: „Lass nur, da bin ich schneller!“ B bekommt die idiotensicheren Teilaufgaben, bei denen nicht so leicht etwas danebengeht, zugewiesen. Reaktionsmöglichkeiten: A bekommt Dank und Anerkennung von B, der erleichtert ist, weniger Fehler zu machen und dem Druck auszuweichen. Wie wirken Dank und Anerkennung auf A? Labsal! Verstärkung! Bestätigung! Was empfindet B? Da kommt es sehr auf die Grundpersönlichkeit an: Manch ein B wird sich resigniert begnügen: „Ich bin halt nicht besser! Schwierigen Aufgaben bin ich nicht gewachsen! Ich bin für den Job nicht schnell, nicht nervenstark, nicht … genug!“ Oder B sagt sich: „Das ist ja super hier! Ich muss mich nur dumm genug anstellen und schon macht A meine Arbeit!“ Egal, ob B resigniert oder zynisch reagiert, beiden Varianten ist gemeinsam, dass B nicht kompetenter wird, weil keine Notwendigkeit für einen erhöhten Einsatz besteht. Die Tür für Rückzug steht offen.

Und was ist mit A? Üblicherweise kann diese Mehraufgabe so lange gut durchgehalten werden, solange es Belohnungen in Form von Dank, Lob und Anerkennung gibt. Was passiert aber, wenn diese neue Arbeitsverteilung zur Gewohnheit geworden ist, die verschobene Grenze stabilisiert ist? Dann bleiben die „Zusatzzuckerl“ aus, denn es ist mittlerweile normal, dass Mitarbeiterin A diese Aufgaben wahrnimmt. „Macht sie doch immer so!“ Ab da wird die Zusatzbelastung spürbar. A beginnt sich zu fragen, wie es möglich ist, bei gleicher Bezahlung so viel mehr aufgebürdet zu bekommen. Sie wird die Situation zunehmend als unfair wahrnehmen.

B allerdings wird wenig Antrieb verspüren, die Situation von sich aus zu ändern, sei es, weil der Glaube an die eigene Lernkraft längst geschwunden ist, sei es, weil die Zeit mit anderen Tätigkeiten ausgefüllt ist, die möglicherweise im Eigeninteresse liegen, und weil dadurch tatsächlich einige Ressourcen vertrocknet sind. Was also tun? Der Weg zurück an die gesunde Grenze ist mühsam! Manchmal wählt A die Möglichkeit, oft nach einem Ausfall wegen Arbeitsüberlastung, die einst zusätzlich übernommenen Tätigkeiten liegenzulassen, sich auf das zu beschränken, was die Stellenbeschreibung vorgibt. Spätestens dann reagiert die Führungskraft! Oft mit Appellen an A, die Arbeit doch wieder aufzunehmen. A wird als eingeschränkt leistungsfähig, als Problem gesehen.

In einem Führungscoaching wurde genau so eine Frage an uns herangetragen: Als Problem wurde ein Mitarbeiter geschildert, der aufgrund einer persönlichen Krise in seiner Leistungsfähigkeit stark eingebrochen sei. Früher sei der Kollege sehr gut gewesen, aber seit geraumer Weile ziehe er sich zurück, er hätte ein Drittel Projekte weniger zu managen als vorher und weise jede Mehrbelastung von sich. Die Kollegen seien schon sehr ablehnend ihm gegenüber, alle hätten das Gefühl, es sei unfair, die anfallende Arbeit stets auf alle anderen zu verteilen. Die Frage der Führungskraft war, wie sie diesen Mitarbeiter wieder an seine alte Leistungsfähigkeit heranführen könnte. Als Probleme wurden der Leistungseinbruch des Mitarbeiters und das angespannte Teamklima gesehen.

Auf die Frage, wie man sich die Verteilung der Projekte im Team grundsätzlich vorzustellen hätte, stellte sich heraus, dass der besagte Mitarbeiter immer noch wesentlich mehr Projekte als alle anderen begleitet. Die Führungskraft war sehr erstaunt, für sich erkennen zu müssen, dass das Symptom nicht das Problem war, sondern eine über Jahre schleichend entstandene Ungleichheit in Bezug auf Kompetenzentwicklung und Lastenverteilung. Ein Teil des Problems bestand in der mangelnden Aufmerksamkeit der Führungskraft in Bezug auf Fairness im Team und individueller Ressourcenentwicklung.

An diesem Beispiel mag deutlich werden, wo im Verantwortungsmodell die Führungsverantwortung liegt. Natürlich ist es wünschenswert, dass sich im Sinne der Selbstorganisation die Kräfteverteilung im Team immer wieder ausbalanciert, Mitarbeiter B sich mutig und selbstbewusst hinstellt und sein Arbeitsrevier verteidigt, auch wenn noch nicht alles klappt, Mitarbeiterin A sich der Gefahr von Grenzüberschreitungen bewusst ist und sich zurückzieht.

Das wird auch oft gelingen und doch ist die Gefahr gegeben, dass Dynamiken einen für das Team ungesunden Weg nehmen – und da muss die Führungskraft reagieren!

Fragen zur Reflexion:

- → Wie sind in Ihrem Team Aufgaben und die Verantwortungsfelder verteilt?
- → Wie war die Situation vor einem halben Jahr, vor einem, zwei oder drei Jahren? Ist eine Tendenz ablesbar?

Nehmen Sie das Verantwortungsmodell noch einmal zur Hand, wenn Sie Ihr Team in Kapitel 4 nach „Können" und „Wollen" eingeschätzt haben!

3.5. Kommunikation und Feedback

Führung passiert durch Kommunikation. Es handelt sich dabei um einen höchst komplexen Vorgang, der auch im privaten Bereich immer wieder zu Missverständnissen und Irritationen führt.

Entsprechend dem „Maschinendenken" aus der Nachrichtentechnik wird Kommunikation als Austausch von Informationen zwischen einem Sender und einem Empfänger verstanden. Der Kommunikationsprozess entspricht einem linearen Input-Output-Vorgang nach dem Ursache-Wirkungs-Prinzip (A sendet eine Mitteilung an B, nach Erhalt der Nachricht gibt B Rückmeldung).

Folgt man den konstruktivistischen Sprachmodellen, geht es bei Kommunikation hauptsächlich um Konstruktionen von Bedeutungen und deren Austausch. Gehirnforschung und Kognitionswissenschaften liefern eine Fülle von Begründungen für Stolpersteine und Fallstricke in der Kommunikation, für das Misslingen von Kommunikation, das wahrscheinlicher ist als deren Gelingen.

Modelle unterstützen uns dabei, Komplexität zu bewältigen. Als theoretischen Hintergrund für die Gesunden Gespräche wollen wir drei Kommunikationsmodelle vorstellen:

3.5.1. Die Fünf Axiome der Kommunikation (Paul Watzlawick)

1. „Man kann nicht nicht kommunizieren."
Watzlawick versteht Kommunikation als Verhalten. Da es kein Gegenteil von Verhalten gibt, gibt es auch kein Nicht-Kommunizieren. Der Volksmund hat dieses Axiom vorweggenommen, zum Beispiel „beredtes Schweigen", „Ein Blick sagt mehr als 1000 Worte".

2. „Jede Kommunikation hat einen Inhalts- und einen Beziehungsaspekt, wobei Letzterer den Ersteren bestimmt."
Der Beziehungsaspekt bestimmt, wie die Inhalte der Kommunikation zu interpretieren sind. Stimmen beide Aspekte überein, ist die Kommunikation „kongruent", Störungen der Kongruenz führen zu Misslingen.

3. „Die Natur einer Beziehung ist durch die Interpunktionen der Kommunikationsabläufe seitens der Partner bedingt."
Kommunikation folgt nicht mechanistischen Kausalketten („Weil Du das getan hast", „Du bist schuld"), sondern ist als interdependenter Kreislauf zu verstehen. Das bedeutet, Kommunikation ist ein Prozess, wo eins das andere ergibt, ohne dass ein klar definierter Ausgangspunkt erkennbar ist.

4. „Menschliche Kommunikation bedient sich digitaler und analoger Modalitäten."
Digitale Kommunikation (Sprache, Schrift) verfügt über eine klare Syntax. Analoge Kommunikation beschreibt die Ebene der Körpersprache. Sind diese beiden komplementären Modalitäten nicht kongruent, gelingt Kommunikation nicht.

5. „Zwischenmenschliche Kommunikationsabläufe sind entweder symmetrisch oder komplementär."
Symmetrische Kommunikation findet statt, wenn sich die Kommunikationspartner als gleichberechtigt verstehen, in ihrer jeweiligen Wahrnehmung passiert Kommunikation auf Augenhöhe. Wird von einem der Kommunikationspartner ein hierarchischer Unterschied wahrgenommen, spricht man von einem komplementären Kommunikationsablauf. Solche Beziehungen

sind nicht objektiv beschreibbar, sie werden von den Kommunikationspartnern individuell interpretiert. So ist es zum Beispiel auch möglich, dass eine Führungskraft mit einem Mitarbeiter symmetrisch kommuniziert, obwohl formal ein Unterschied in der Hierarchie existiert.

3.5.2. Das Vier-Ohren/Zungen-Modell (Schulz von Thun)

Der deutsche Kommunikationspsychologe Friedemann Schulz von Thun entwickelte in den Siebzigerjahren des 20. Jahrhunderts in Anlehnung an das von Paul Watzlawick 1969 formulierte Axiom „Jede Kommunikation hat einen Inhalts- und einen Beziehungsaspekt“ sowie Karl Bühlers 1934 beschriebene „Drei Aspekte der Sprache“ (Darstellung, Ausdruck, Appell) ein Kommunikationsmodell, wonach jede Nachricht vier Seiten hat.

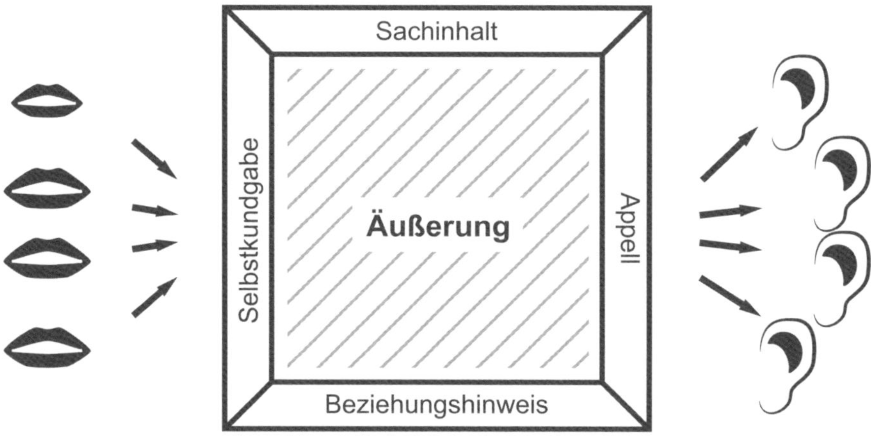

Abb. 17: Das Vier-Ohren/Zungen-Modell

Dieses sogenannte Vier-Ohren-Modell ist mittlerweile sehr bekannt. Die Aspekte „Appell“ und „Selbstoffenbarung“ hat Marshall B. Rosenberg besonders herausgearbeitet (siehe Abbildung 18).

Abb. 18: Vier-Ohren-Modell

3.5.3. Gewaltfreie Kommunikation (Marshall B. Rosenberg)

Ein wirksamer Beitrag zu mehr sozialer Kompetenz ist das Modell der Gewaltfreien Kommunikation (GFK). Dieses wurde von dem aus den USA stammenden Psychologen Marshall B. Rosenberg entwickelt. Folgende Ziele verfolgt die GFK:

- Aufbau und Erhalt befriedigender Beziehungen zwischen Menschen.
- Befriedigung individueller Bedürfnisse, ohne dabei anderen in irgendeiner Form Gewalt anzutun.
- Umwandlung konfliktträchtiger Kommunikationsmuster nach dem Motto: von „schmerzlicher“ zu „verbindender“ Kommunikation.

Das Modell geht von folgenden Grundannahmen aus:

- Alle Menschen streben nach Befriedigung ihrer Bedürfnisse.
- Grundsätzlich sollte es möglich sein, miteinander in guten Beziehungen zu leben, wenn wir diese Bedürfnisse durch wechselseitige Zusammenarbeit statt durch aggressives Verhalten erfüllen.
- Jeder Mensch hat erstaunliche Fähigkeiten, die es durch Empathie zu entdecken gilt. (Empathisch sein bedeutet, sich ganz auf die Erlebniswelt seines Gegenübers einzulassen, um dessen Gefühlslage respektvoll zu erforschen.)

Rosenberg unterscheidet unterschiedliche Kommunikationsprogramme, die jeweils durch eine spezifische Sprache vermittelt werden.

Die Sprache der Wölfe

Menschen, die sich dieser Sprache bedienen, sind ständig auf der Suche nach Schuld. Feedback wird stets als Angriff und Vorwurf formuliert bzw. interpretiert, Aggression ist die vorherrschende Emotion. Rosenberg unterscheidet zwei „Wolfstypen“: Wölfe nach „außen“ und Wölfe nach „innen“.

Wölfe nach „außen“: Die Aggression richtet sich auf den „Außenfeind“. Diese „Wölfe“ wollen recht haben, sie wollen gewinnen und den vermeintlichen Gegner bezwingen. Die Verantwortung für die eigenen Gefühle wird auf den Gesprächspartner übertragen. Wenn sich Führungskräfte dieser Sprache bedienen, müssen sie in Kauf nehmen, dass sie damit eine Kultur unterstützen, die Konflikte fördert und die Lösungssuche erschwert, weil die Energie bei der Suche nach Schuldigen und Verteidigung vergeudet wird. Dies führt zu einem Gewinner/Verlierer-Denken, das in weiterer Folge oft zwei Verlierer zurücklässt.

BEISPIEL

Führungskraft: „Sie sind unzuverlässig! Ständig bekomme ich Ihre Berichte zu spät!“

Mitarbeiter: „Sie sollten einmal vor der eigenen Türe kehren! Wenn Sie die Arbeit besser verteilen würden, könnte ich auch pünktlich sein. Außerdem: Alle anderen kümmern sich auch wenig um die Fristen!“

Wölfe nach „innen“: Auch diese Wölfe interpretieren Kritik als Angriff und Vorwurf. Die Aggression richtet sich allerdings nicht auf den Gesprächspartner, sondern gegen sich selbst, wird nach innen gelenkt. Bei dieser Form der Kommunikation ist keine direkte Auseinandersetzung möglich. Die Folge: Es gibt nur Verlierer (Verlierer/Verlierer-Strategie).

BEISPIEL

Führungskraft: „Sie sind unzuverlässig! Ständig bekomme ich Ihre Berichte zu spät!“

Mitarbeiter: „Ja ich weiß, ich bekomme nie etwas auf die Reihe! Entschuldigung!“

Die Sprache der Giraffen

Als Symbol für gewaltfreie Kommunikation verwendet Rosenberg die Giraffe. Sie hat von allen Landtieren das größte Herz und durch den langen Hals den besten Überblick. Das große Herz ermöglicht Empathie, der lange Hals mehr Übersicht. Die Giraffe vergeudet ihre Energie nicht durch Kämpfe im Unterholz, sie verschafft sich Überblick und strebt Lösungen an. Sie interpretiert Feedback in Form von Kritik nicht als Vorwurf, sondern ist neugierig auf das Bedürfnis, das sich hinter der Kritik versteckt.

DIE GRAMMATIK DER GIRAFFENSPRACHE

a. *Beobachtungen.* Konkrete, beobachtbare Handlungen, die unser Wohlbefinden beeinträchtigen, beschreiben.
b. *Gefühle.* Welche Gefühle werden durch das Beobachtete ausgelöst?
c. *Bedürfnisse.* Unsere Bedürfnisse, Werte und Wünsche ansprechen, aus denen diese Gefühle entstehen.
d. *Bitten.* Die konkrete Handlung formulieren, die unser Wohlbefinden verbessert.

Rosenberg fasst sein Kommunikationsmodell in einem Satz zusammen: „Wenn ich a sehe, dann fühle ich b, weil ich c brauche. Deshalb möchte ich jetzt gerne d.“

Die Giraffensprache im Führungsalltag

Im Führungsalltag kann die Anwendung der Giraffensprache immer dann hilfreich sein, wenn die Situation schon emotional besetzt ist, möglicherweise zu eskalieren droht. Außerdem hilft es, unklare Situationen zu analysieren, wenn ich mir die Fragen stelle:

- ***Fakten:*** Welche Fakten sind in einer bestimmten Situation tatsächlich beobachtbar? Hier besteht die Kunst darin, sich die nackten Fakten vor Augen zu führen, so wie eine Videokamera mit Mikrofon sie aufgenommen hätte.
- ***Emotionen:*** Was lösen diese Fakten bei mir an Assoziationen aus? An welche Vorfälle in meinem Leben, die nichts mit dieser konkreten Situation hier zu tun haben, erinnern mich diese Fakten? Wie interpretiere ich aus diesen alten Erlebnissen heraus? Welche Emotionen werden dadurch bei mir ausgelöst? Vor welchen kognitiven Verzerrungen muss ich auf der Hut sein? Hier wäre zum Beispiel der Halo-Effekt (Kapitel 1.2.9.) zu nennen, den wir bereits beschrieben haben. Dieses genaue Hinschauen hilft, das aktuelle Geschehen von der Interpretation zu trennen und die eigenen Emotionen verstehen und einordnen zu können.
- ***Bedürfnis:*** Welches Bedürfnis habe ich in Bezug auf diese Situation? Was ist mir in dieser Sache besonders wichtig? Was will ich bewirken? Wenn ich mir diese Fragen selbst beantworte, kann ich auch einschätzen, wie legitim mein Bedürfnis in meiner beruflichen Rolle ist. Auch aus diesen Antworten heraus können mir meine Gefühle noch besser nachvollziehbar werden. Um das an einem Beispiel deutlicher zu machen: Möglicherweise erkenne ich, dass ich als Privatperson das Bedürfnis nach unbedingtem Vertrauen und Freundschaft habe, aber dieses Bedürfnis in meiner Rolle als Vorgesetzter durch einen Mitarbeiter nicht erfüllt werden kann.
- ***Bitte:*** Was erwarte ich von dem Mitarbeiter in dieser Sache? Um welches konkrete Verhalten muss ich ihn bitten, damit mein Bedürfnis befriedigt wird?

Vielleicht wird dadurch nachvollziehbar, wie durch diese Fragen Prozesse, die meist vollkommen unbewusst ablaufen, bewusster und damit steuerbar gemacht werden. Damit gelingt es, das, was ich mit mir selbst ausmachen muss, von dem zu trennen, was ich tatsächlich vom anderen fordern, erwarten, erbitten kann. Uns ist diese Unterscheidung vor allem im Führungskontext wichtig: Erwarten und fordern kann ich das, was aus der Stellenbeschreibung und der Rolle der Mitarbeiterin heraus selbstverständlich sein sollte, bitten muss ich um das, was als Extraleistung dazu kommt.

Natürlich eignet sich die Sprachform der Giraffensprache auch als Gesprächsleitfaden für besonders heikle Gespräche. Dabei dienen die vier Fragen in dieser Reihenfolge sowohl als Anleitung dazu, wie ich den eigenen Blickwinkel darstellen kann, ohne die Eskalation weiterzutreiben, als auch als Leitfaden, wie ich den anderen durch Fragen leiten kann und dabei unterstütze, Klarheit über seine Sichtweise zu bekommen. Die Ich-Botschaft ist in der Kommunikation eine Voraussetzung für gelungene Kommunikation, die Giraffensprache bietet dazu eine sehr praktikable Umsetzungsanleitung. Wesentlich ist die Abfolge Fakten – Emotionen – Bedürfnis – Erwartung/Bitte. Achten Sie in der Anwendung darauf, die vier Ebenen der Giraffensprache in Ihrer gewohnten Ausdrucksweise umzusetzen, authentisch zu bleiben!

Das Erkundungsgespräch

Aus der Logik der Giraffensprache haben wir das Erkundungsgespräch entwickelt. Es kommt immer dann zum Einsatz, wenn Sie als Führungskraft eine Hypothese überprüfen wollen, wenn Sie sich nicht sicher sind und sich langsam vortasten wollen, wenn Sie Ihrem Gegenüber Gelegenheit geben wollen, die eigene Sichtweise zu Ihrer dazuzulegen, wenn Sie in einen Dialog treten wollen. Auch hier nutzen Sie die vier Ebenen zur Darstellung der eigenen und zum Erfragen der anderen Sicht.

FORMULIERUNGSBEISPIEL

„Als ich in der Vorbereitung auf unser Mitarbeitergespräch die Abwesenheitsstatistik des letzten Jahres durchsah, stachen mir ein paar Fakten ins Auge. Deine Abwesenheiten haben sich ab dem Urlaub im September im Vergleich zum ersten Halbjahr verdreifacht. Der Großteil ist durch kurze Krankenstände zwischen ein und drei Tagen zustande gekommen, du warst an allen Fenstertagen im zweiten Halbjahr krankgemeldet, hast an fünf Montagen und sieben Freitagen krankheitsbedingt, an zwei Montagen mit Zeitausgleich gefehlt." *(Fakten)*

„Nach Durchsicht dieser Fakten war ich sehr irritiert. Zum einen, weil mir das im laufenden Betrieb nicht aufgefallen ist, zum anderen, weil ich Sorge habe, bei dir etwas Wichtiges übersehen zu haben.“ *(Emotionen)*

„Mir ist wichtig, Klarheit darüber zu bekommen, ob es für diese gehäuften Abwesenheiten einen Grund gibt, an dem wir gemeinsam arbeiten können, ob es dafür betriebliche Ursachen gibt.“ *(Bedürfnis)*

„Dafür brauche ich allerdings deine Offenheit und die Bereitschaft, alles auf den Tisch zu legen, was einer Lösung dienen kann.“ *(Erwartung, Bitte)*

In diesem Beispiel ist es wahrscheinlich, dass der Mitarbeiter die Faktenlage anerkennt, da es darüber Aufzeichnungen gibt. Sprechen Sie allerdings etwas an, das nicht nachweisbar ist, kann es in angespannten Beziehungen durchaus dazu kommen, dass die Fakten grundlegend angezweifelt werden. Lassen Sie sich auf keine Diskussionen darüber ein, wer recht hat. Betonen Sie noch einmal Ihr Bedürfnis und Ihre Erwartungen. Vereinbaren Sie einen künftigen Beobachtungszeitraum, in dem auf das angesprochenen Verhalten von beiden Seiten besonders geachtet wird, und einen Reflexionstermin, an dem Sie beide noch einmal darüber reden, ob und wie sehr Ihre Erwartungen erfüllt wurden. Unseren Erfahrungen nach wird das angesprochene Problem bereits dadurch gelöst sein. Wenn nicht, haben Sie zumindest klar beobachtete Fakten und das Gespräch geht in die zweite Runde.

Eine Anleitung zum Erkundungsgespräch finden Sie im Anhang als ersten Teil des Leitfadens zum Stabilisierungsgespräch.

3.6. Der Psychologische Arbeitsvertrag als wesentlicher Aspekt der Arbeitsfähigkeit

3.6.1. Motivation

Wie bereits oben erwähnt, setzt sich die Arbeitsfähigkeit aus den Komponenten Können, Wollen und Dürfen zusammen. Unter Wollen verstehen wir die Leistungsbereitschaft, die notwendig ist, um eine potenziell mögliche Leistung auch erbringen zu können. Die grundsätzliche Frage, was Menschen antreibt bzw. motiviert, wird in der Führungsliteratur breit diskutiert. Sogenannte Motivationsseminare, wo meist charismatische Persönlichkeiten, oft ehemalige Leistungs- oder Extremsportler, ihre persönlichen Erfolgsgeschichten und -rezepte einem breiten Publikum präsentieren, erfreuen sich seit Jahrzehnten auch im Bereich der Personalentwicklung großer Beliebtheit. Da hört man immer wieder von Visionen, Zielen, von der Kraft der Gedanken und der Möglichkeit, alles zu erreichen, wenn man nur will. Auch die Ansätze der Motivationspsychologie sind mittlerweile sehr populär geworden. Während sich die Inhaltstheorien (am bekanntesten ist die Bedürfnispyramide nach Maslow) mit der Frage beschäftigen, welche Motive und Bedürfnisse konkretes Handeln auslösen, rücken die Prozesstheorien den Entstehungsprozess von Motivation in den Fokus.

Für die Führungspraxis von Bedeutung ist die Unterscheidung der Arbeitsmotive. Dabei werden ***intrinsische Arbeitsmotive*** (entstehen im Tun, durch die Ausübung der Tätigkeit) von ***extrinsischen*** (Motivation als Folge von Tätigkeiten) unterschieden. Für Arbeitszufriedenheit und Arbeitsfreude sind vor allem die intrinsischen Faktoren von Bedeutung: Nach Hackmann/Oldmann 1976 ist die Entstehung von intrinsischer Motivation an drei Erlebenszustände geknüpft:

- → Über Wissen um die Ergebnisse der Arbeit verfügen.
- → Sich selbst als verantwortlich für die Ergebnisse der Arbeit erleben.
- → Die Arbeit als bedeutsam und sinnvoll erfahren.

Für unser Thema Gesundes Führen ist die Ähnlichkeit mit dem Kohärenzsinn besonders auffallend: Durchschaubarkeit, Handhabbarkeit und Sinnhaftigkeit generieren in der Arbeitswelt intrinsische Motivation, im salutogenetischen Gesundheitsansatz Antonovskys bilden sie als Kohärenzsinn die wichtigste Gesundheitsressource. Demnach schafft Gesundes Führen auch intrinsische Motivation und fördert umgekehrt das Erleben intrinsischer Motivation wiederum Gesundheit.

- → Intrinsische Arbeitsmotive sind Erfolgserlebnisse, Anerkennung, Entwicklung, interessante Tätigkeit, Wachstum, Zugehörigkeit.
- → Extrinsische Arbeitsmotive sind Entlohnung, Sicherheit, Status, Ausstattung, Sozialleistungen.

Zwei-Faktoren-Theorie (Frederick Herzberg)

Vielfach können Führungskräfte im Bereich der öffentlichen Verwaltung das Klagen ihrer Mitarbeiter über mangelhafte Rahmenbedingungen nicht nachvollziehen, schließlich hätten diese so manche Privilegien, wie etwa einen sicheren Arbeitsplatz, freie Einteilung der Urlaubstage oder Gleitzeit, die Angestellten in der freien Wirtschaft nicht zustünden. Die Forschung von Frederick Herzberg liefert eine Erklärung, warum diese Faktoren nicht die erwartete positive Wirkung auf die Arbeitszufriedenheit haben. Wie in seiner berühmten Pittsburgh-Studie nachgewiesen, sind Zufriedenheit und Unzufriedenheit nicht zwei Pole ein und desselben Phänomens, sondern zwei voneinander unabhängige Faktoren:

Es gibt Faktoren, die nur mehr oder weniger Unzufriedenheit erzeugen. Herzberg nennt sie „Hygienefaktoren".

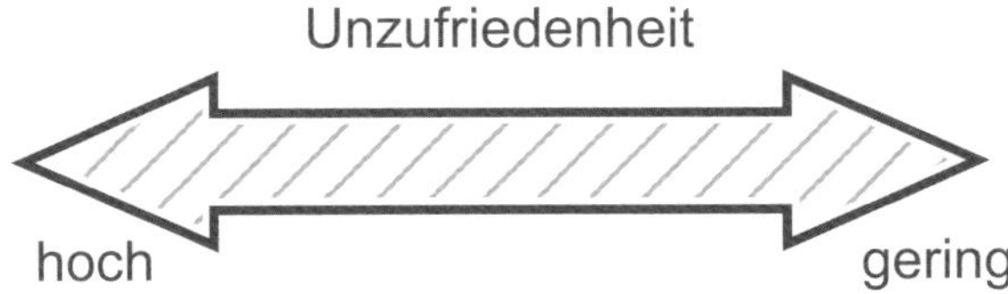

Abb. 19: Hygienefaktoren

Diese werden als selbstverständlich wahrgenommen und lösen keine positiven Emotionen aus. Wenn ich zum Beispiel in einem Luxushotel übernachte, setze ich einen gewissen Standard voraus. Fehlt dieser, bin ich unzufrieden. Ist er vorhanden, fällt das nicht weiter auf. Ähnlich verhält es sich mit den „Hygienefaktoren" in der Arbeit: Entlohnung, Arbeitsplatzsicherheit, flexible Arbeitszeiten, Kompetenz der Führungskraft, Funktionieren der IT.

Im Gegensatz zu diesen „Unzufriedenheitsfaktoren" gibt es die bereits erwähnten intrinsischen Faktoren, die Zufriedenheit und Arbeitsfreude generieren.

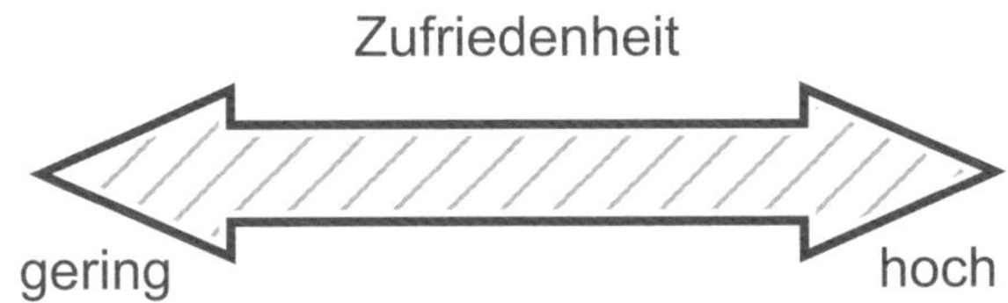

Abb. 20: Motivatoren

X-Y-Theorie (Douglas McGregor)
Für die Selbstreflexion von Führungskräften ist auch die X-Y-Theorie von McGregor von Bedeutung. McGregor teilt aus Sicht der Führungskräfte Menschen in zwei Kategorien ein:

- Der X-Mensch ist von Natur aus faul und hat eine natürliche Abneigung gegen Arbeit, hat Angst vor Verantwortung und wenig Ehrgeiz.
- Der Y-Mensch ist von Natur aus arbeitswillig und fleißig, trägt Unternehmensziele mit und sieht in der Arbeit einen Quell der Zufriedenheit. Er besitzt Eigeninitiative und eine hohe Selbstkontrolle.

Beide Kategorisierungen haben eine hohe Tendenz, zu Handlungen zu führen, die ihre jeweilige Richtigkeit in Form einer sich selbst erfüllenden Prophezeiung bestätigen. Dieses Phänomen ist als Pygmalion-Effekt gut erforscht.

3.6.2. Der Pygmalion-Effekt

In dieser berühmten Studie, auch Rosenthal-Experiment genannt, wurde Lehrern kommuniziert, dass mithilfe eines Tests die Entwicklungspotenziale ihrer Schüler gemessen würden. (In Wahrheit wurde deren IQ gemessen.) Von 20 Prozent der Schüler, die völlig zufällig ausgewählt worden waren, seien – so das Ergebnis – in Zukunft besondere Leistungen zu erwarten. Nach acht Monaten wurde dieser Test wiederholt und siehe da: Bei den zufällig ausgewählten „Potenzialträgern" waren auch die Steigerungen am höchsten. Auswertungen ergaben, dass die Lehrer gegenüber diesen 20 Prozent wesentlich positiver agierten als gegenüber den anderen. Ihnen gegenüber waren die Lehrer geduldiger, hielten Augenkontakt, zeigten eine positive Körpersprache.

Mittlerweile gibt es viele Experimente, die den Pygmalion-Effekt bestätigen. Dieser ist dem Halo-Effekt ähnlich (siehe hierzu auch Kapitel 1.2.6. Auffallend dabei und für Führungskräfte besonders relevant: Menschen haben nicht nur die Tendenz, ihre Grundannahmen und Stereotype zu bestätigen, sie reagieren auch verärgert bei „Verstößen". So reagierten Lehrer in Experimenten ärgerlich, wenn als unbegabt eingestufte Schüler gute Leistungen erbrachten.

Vorgesetzte, die Theorie X im Hinterkopf haben, führen mit strengen Vorschriften und viel Kontrolle. Dies führt zu einem im günstigen Fall passiven, im ungünstigen Fall widerständigen Arbeitsverhalten, zu Verantwortungsscheu und dem Fehlen von Eigeninitiative. Die Mitarbeiter zeigen somit ein Verhalten, das dem Vorgesetzten die Richtigkeit seiner Theorie bestätigt und sein Verhalten verfestigt.

Vorgesetzte, die der Theorie Y folgen, setzen auf Handlungsspielräume und ein hohes Ausmaß von Selbstkontrolle ihrer Mitarbeiter. Sie fördern somit Engagement für die Arbeit und Identifikation mit der Aufgabe. Dies begünstigt Initiative und Verantwortungsbereitschaft. Die Vorgesetzten sehen sich aufgrund der Arbeitsleistungen ihrer Mitarbeiter in ihrem Menschenbild und ihrer Führungsarbeit bestätigt. Dieses Phänomen gilt tendenziell nicht nur für Theorie X/Y, sondern auch für andere Alltagstheorien. In der Führungsliteratur wird häufig der Begriff „Kellermeistersyndrom" verwendet:

Abb. 21: Demotivationszyklus (Kellermeistersyndrom)

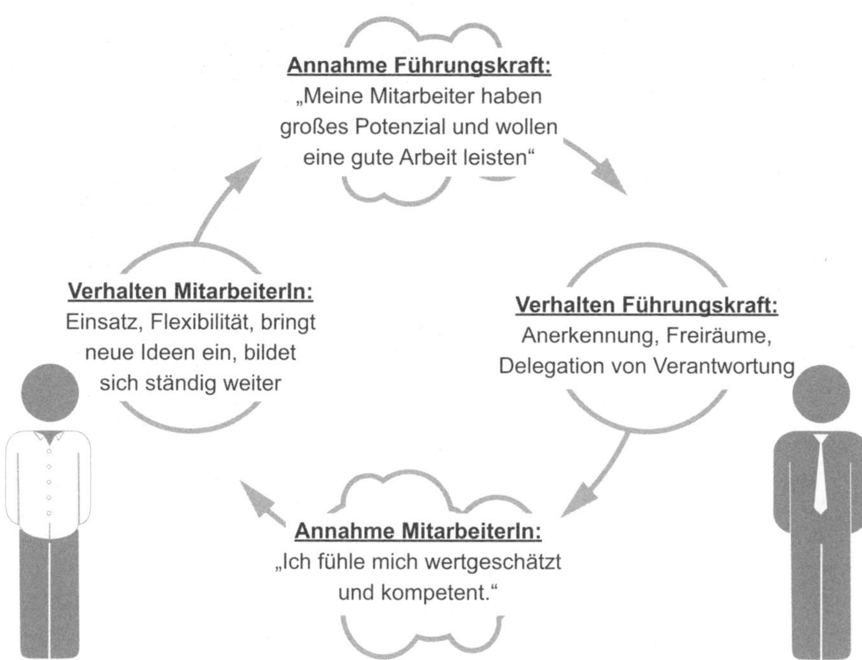

Abb. 22: Motivationszyklus

X oder Y? Das ist hier die Frage! Welches Menschenbild haben Sie? Wie wirkt sich dieses Menschenbild auf Ihr (Führungs-)Verhalten aus? Wie reagieren Sie auf eine mittelmäßig bis schlechte Leistung eines guten Mitarbeiters oder eines Mitarbeiters, zu dem Sie in positivem emotionalen Kontakt stehen, wie auf eine sehr gute Leistung eines von Ihnen als eher unmotiviert und fachlich wenig herausragend eingestuften Mitarbeiters? Überprüfen Sie Ihre Beziehungen zu Mitarbeitern in Bezug auf „Teufelskreise“!

3.6.3. Der Psychologische Arbeitsvertrag

Während Motivationstheorien in der Personalentwicklung und bei Führungskräften sehr populär sind, ist das Konzept „Der Psychologische (Arbeits-) Vertrag“ unseren Erfahrungen nach sowohl in der Beraterszene als auch bei Führungskräften und Personalentwicklern wenig bekannt. In dem von uns entwickelten Konzept der „Gesunden Gespräche“ spielt es eine zentrale Rolle:

Der Psychologische Vertrag beschreibt die Beziehung zwischen Mensch und Organisation. Gerade die Beziehung zwischen Beschäftigten und ihrem Betrieb ist für die Leistungsfähigkeit von Unternehmen und nicht zuletzt für die Gesundheit der Mitarbeiter von entscheidender Bedeutung. Mitarbeiter mit einer positiven Beziehung zu ihrem Unternehmen erleben mehr Freude in der Arbeit, beteiligen sich an Entwicklung und Innovation, sind ihrem Arbeitgeber gegenüber loyal und es gibt weniger Krankenstände und Fluktuation als bei solchen, die kaum bis wenig emotionale Bindung zu ihrer Firma haben (Gallup-Studie 2010).

Das Konzept des Psychologischen Vertrags bezieht sich auf wechselseitige Erwartungen und Angebote von Mitarbeitenden und Unternehmen, die über die im formalen, juristischen Vertrag formulierten gegenseitigen Verpflichtungen hinausgehen (Grote & Staffelbach 2010).

Der juristische Vertrag regelt schwarz auf weiß die Rechte und Pflichten von Unternehmen und Mitarbeitern (Entlohnung, Arbeitszeit, Urlaub, Sozialleistungen, Kündigung, Zielerreichung). Der Psychologische Vertrag hingegen hat die impliziten, oft unbewussten, nicht ausgesprochenen oder nur auf Mutmaßungen begründeten wechselseitigen Erwartungen zum Inhalt. Ähnliches gilt natürlich auch für unser Privatleben. Ich kann in einer Partnerschaft zwar einen Ehevertrag abschließen, aber für die Qualität einer Beziehung ist es wichtiger, wie wir mit wechselseitigen Erwartungen umgehen. Vom Treueversprechen, über Kindererziehung bis hin zur Frage, wer den Müll beseitigt und den Geschirrspüler einräumt.

Im Idealfall wird der Psychologische Arbeitsvertrag von beiden Vertragspartnern eingehalten. Die Mitarbeiter haben das Gefühl, dass sie für ihre Arbeitsleistung eine gerechte Gegenleistung erhalten: Entlohnung, einen sicheren Arbeitsplatz, Sinn durch eine interessante Tätigkeit, Wertschätzung, Entwicklungs- und Mitbestimmungsmöglichkeiten. Der Arbeitgeber erwartet sich als Gegenleistung Leistungserbringung, Motivation und Engagement, Loyalität, Zurückstellen von Eigeninteressen, Flexibilität und Eigenverantwortung, Bereitschaft, die eigenen Fähigkeiten zu erweitern. Hohe Arbeitszufriedenheit, Engagement und ein positiver Einfluss auf die Gesundheit sind der Lohn für die Mitarbeiter. Davon profitiert natürlich das Unternehmen.

Werden diese Vereinbarungen gebrochen, hat das, wie bereits erwähnt, negative Auswirkungen auf die Leistungsfähigkeit. Die Vereinbarungen können sowohl vom Arbeitgeber als auch von den Mitarbeitern verletzt werden. Dabei gibt es einerseits Verletzungen, die eher nachvollziehbar sind und bei entsprechender Kommunikation auch auf Verständnis stoßen, andererseits aber auch solche, die vom Vertragspartner als „böswillig" und nicht tolerierbar angesehen werden.

Oft werden Veränderungen, die vom Unternehmen initiiert wurden, von den Mitarbeitern als Vertragsbruch interpretiert. „Früher war ich in einem kleinen, aber feinen Büro, jetzt sitze ich in einem Großraumbüro", „Früher war ich Spezialist, jetzt soll ich alles machen", „Früher hatte ich als Sozialarbeiter oder Krankenschwester genügend Zeit für Beziehungsarbeit, jetzt muss ich jeden Arbeitsschritt dokumentieren". Die Liste kann man über alle Branchen hinweg fortsetzen. Wird dann vermindertes Engagement sozusagen als bewusste Bestrafung der Organisation eingesetzt, so sprechen wir zum Beispiel von einem gestörten Arbeitsvertrag aus Versehen. Hier wird deutlich, wie wichtig die Auseinandersetzung mit diesen Veränderungen, der Dialog zwischen Führungskraft und Mitarbeiter ist, um Veränderungen verarbeiten zu können. Wir beobachten, dass manche Veränderungen in der Arbeitswelt, dass viele Change-Prozesse dazu geführt haben, dass Mitarbeiter ihrerseits ihre Psychologischen Arbeitsverträge modifiziert haben – hin zu weniger Engagement und weniger Identifikation mit dem Arbeitgeber. Das mag in manchen Phasen von Veränderung im Unternehmen, nämlich dann, wenn es noch wenige Information darüber gibt, wohin die Reise gehen soll, wenn noch nicht einschätzbar ist, welches Handeln sinnvoll, was im Lichte des Neuen überflüssig ist, was noch gilt und was nicht, sogar als eine brauchbare Form von Stressmanagement durchgehen. Allerdings wird es kontraproduktiv für die Gesundheit und das Unternehmen, wenn diese Haltung zum Dauerzustand wird.

Natürlich gibt es auch von Beschäftigten Verletzungen des Vertrags, die ohne böse Absicht passieren, einfach als notwendig empfundene Adaptierungen der Balance zwischen den Anforderungen des Privatlebens und den Anforderungen des Arbeitsplatzes gesehen werden. Aus unseren Seminaren sind uns Aussagen vertraut wie „Natürlich habe ich, als meine Kinder klein waren, weniger Engagement gezeigt!", „Seit meine pflegebedürftigen Eltern bei mir wohnen, habe ich die Kraft nicht mehr, mich in der Firma so einzubringen wie früher", „Jetzt ist mir der Hausbau wichtiger, als jederzeit einspringen zu können!", „Seit ich fünfzig bin, schaffe ich es nicht mehr, so lange konzentriert zu arbeiten. Ich hab einfach zwei Gänge zurückgeschaltet."

Meist halten Mitarbeiter die Anpassung des Engagements an ihre eigenen aktuellen Lebensumstände und den daraus erwachsenden Bedürfnissen für wesentlich legitimer, als die Anpassung der Rahmenbedingungen im Unternehmen an die wirtschaftlichen oder gesellschaftlichen Außenbedingungen. Dort sollte im Gesunden Gespräch auch die Auseinandersetzung über Fairness und ein ausgewogenes Verhältnis von Geben und Nehmen ansetzen.

Der Psychologische Arbeitsvertrag

Wird der Psychologische Arbeitsvertrag gebrochen, spricht man von innerer Kündigung. Die Folgen dieser inneren Kündigungen gehen von Dienst nach Vorschrift bis hin zu Diebstahl, Manipulation der Arbeitszeiten, Absentismus. Uns sind in unserer Beratungspraxis unterschiedliche Ursachen der inneren Kündigung begegnet: Mitarbeiter oder Führungskräfte, die bei einer Beförderung übergangen wurden und dies als Intrige oder bewusste Bevorzugung eines Liebkindes interpretieren. Mitarbeiter, die sich persönlich massiv gekränkt fühlen. Menschen, die von sich behaupten, ihnen habe das Leben so übel mitgespielt, dass es ihnen zustehe, wenig Engagement zu zeigen. Menschen, die sich in anderen Bereichen so sehr engagieren, dass keine Energie für die bezahlte Arbeit übrig bleibt.

Diese innere Überzeugung, dass es völlig in Ordnung sei, nur auf den eigenen inneren Lastenausgleich ohne Einbeziehung der Organisation zu schauen, den eigenen Beitrag oft krass überzubewerten und das, was die Organisation gibt, als nicht nennenswert zu sehen, führt zu geringer Leistungsbereitschaft. Wird dieses Verhalten über längere Zeit geduldet, sinkt auch die Leistungsfähigkeit. Das Ergebnis sind dann oft Mitarbeiter, die die Forderung, sie müssten für gleiche Entlohnung annähernd gleich viel leisten wie der Durchschnitt, als unverständliche Gemeinheit ansehen. Sie geraten sehr schnell in ein Gefühl der Überforderung, weil ihre Ressourcen über den langen Zeitraum der Unterforderung vertrocknet sind. Wie ein Muskel, der, wenn er nicht entsprechend trainiert wird, schwindet.

Wer so reagiert und empfindet, dem ist es nicht möglich, ein sinnerfülltes Arbeitsleben zu haben. Meistens sind auch die Beziehungen zu Arbeitskolleginnen und Arbeitskollegen angespannt, die erlebte und fortdauernde Verletzung von Fairness im Team bleibt nicht ohne Auswirkungen auf das Klima. Insgesamt also eine höchst unbefriedigende und ungesunde Situation für alle Beteiligten!

ARBEITSBLATT

Reflexion über den eigenen Psychologischen Arbeitsvertrag

Um ein Gefühl für die Vielschichtigkeit des Psychologischen Arbeitsvertrags entwickeln zu können, bitten wir Sie, einige Fragen zu Ihrem eigenen Psychologischen Arbeitsvertrag im Wandel Ihrer Arbeitsjahre zu beantworten.

→ Gehen Sie in Ihrer Erinnerung alle bisherigen Arbeitsjahre zurück bis zum Beginn Ihres Arbeitslebens (muss nicht das aktuelle Unternehmen sein).

→ Wenn Sie nun Ihren Psychologischen Arbeitsvertrag der ersten Zeit auf den Punkt bringen würden, wie hätte er gelautet? Was haben Sie gegeben? Was haben Sie dafür erwartet? Was haben Sie bekommen?

→ Gab es im Laufe der Jahre Veränderungen, Störungen, Brüche, Entwicklungen Ihres Psychologischen Arbeitsvertrags? Was waren Gründe, Auslöser dafür? Welche davon waren eher im privaten Bereich angesiedelt, welche in der jeweiligen Organisation? In welcher Weise hat sich der Psychologische Arbeitsvertrag verändert? Was waren Sie bereit, für das, was Sie bekommen haben, zu geben?

→ Wie schaut Ihr aktueller Psychologischer Arbeitsvertrag aus? Falls Sie ein Ungleichgewicht zwischen Geben und Nehmen verspüren, wie müsste ein neuer Vertrag lauten, der gleichzeitig die Rahmenbedingungen der Organisation akzeptiert und ein hohes Maß an Arbeitszufriedenheit Ihrerseits gewährleistet? Was müssten Sie konkret ändern, in Ihrer Haltung, in Ihrem Handeln? Woran könnten Sie erkennen, dass dieser Vertrag stimmig ist?

Wenn Sie diese Fragen für sich durchgedacht haben, können Sie möglicherweise zweifachen Nutzen daraus ziehen: Zum einen Erkenntnisse über sich selbst, vielleicht eine Bestätigung und damit vertiefte Zufriedenheit, vielleicht die Einsicht, dass für ein besseres Gleichgewicht und mehr Sinnerleben einige Schritte Ihrerseits notwendig sind, zum anderen vertieftes Verständnis für das Instrument selbst und seine Anwendung im Mitarbeitergespräch. Wenn Ihnen nachvollziehbar ist, welche unterschiedlichen Gründe es für Störungen des Psychologischen Arbeitsvertrags gibt und Sie auch Verständnis dafür aufbringen können, gibt es eine gute Chance im Gespräch, Möglichkeiten aufzuzeigen, um wieder Balance herstellen zu können.

Kapitel 4:

Gesundes Führen braucht Wissen über Teamentwicklung

4.1. Teamarbeit als Arbeitsmodell der Zukunft

Bereits vor den aktuellen Krisen (Covid-19, der Krieg Russlands gegen die Ukraine und seine Auswirkungen, Klimawandel) wurden „Agilität" und „Resilienz" zu Schlüsselbegriffen im Management. „Agilität" bedeutet die Fähigkeit, flexibel auf Ereignisse und geänderte Anforderungen zu reagieren. „Resilienz" bezeichnet die Befähigung, mit bedrohlichen Entwicklungen gut umgehen zu können und daran zu wachsen (siehe Kapitel 2.1.2). Beide Herausforderungen können nicht in hierarchischen und stark arbeitsteiligen Strukturen bewältigt werden. Sie erfordern leistungsstarke und bewegliche Teams.

Zudem können neue Produkte und Dienstleistungen nicht mehr durch einzelne Personen entwickelt werden. Hierzu ist die Zusammenarbeit in Teams erforderlich, in denen unterschiedliche Formen von Wissen ausgetauscht, verbunden und weiterentwickelt werden. Hierfür gilt der Grundsatz von Peter Drucker: „Wissen kann man nicht managen – es sitzt zwischen zwei Ohren." Wissen ist untrennbar an Personen, ihre persönlichen Erfahrungen und ihr soziales Umfeld gebunden. Was Menschen mit ihrem Wissen machen, entscheiden sie selbst. Anordnungen, kreativ oder mitteilsam zu sein, können zwar gegeben werden, sind jedoch in aller Regel erfolglos. Menschen bringen hingegen ihr Wissen bereitwillig in Teams ein, mit denen sie sich identifizieren.

Auch der Vormarsch von Künstlicher Intelligenz erhöht die Bedeutung von Teamarbeit. Wiederkehrende Routine-Erledigungen erfolgen zunehmend durch Informationstechnologie. Das, was die Computer den Menschen in der Arbeitswelt überlassen, erfordert Spezialisten, die nach einer Logik von Befehl und Gehorsam nicht gut geführt werden können. Sie benötigen vielmehr attraktive Aufgaben und gelingende Zusammenarbeit in Teams.

4.2. Wann spricht man von einem Team?

Wenn man Anfang des 20. Jahrhunderts den Begriff „Team"verwendete, meinte man damit im Englischen Ochsen- oder Pferdegespanne. In die Arbeitswelt hielten der Begriff und die Arbeitsform „Team" erst später Einzug. Im Gegensatz zum Begriff „Gruppe", der in den Sozialwissenschaften klar definiert ist, hat das Wort „Team" einen beliebigen Charakter und wird gerne immer dann gebraucht, wenn mehrere Menschen sich einen Arbeitsplatz oder eine Arbeit teilen. Tatsächlich ist jedoch mit Teamarbeit etwas Spezielleres gemeint. Je nachdem, wie dieses Zusammenspiel organisiert und in der Aufbauorganisation verankert ist, spricht man von Teams, Arbeitsgruppen oder teamorientierten Arbeitsgruppen:

„Echte" Teams: Ein Team besteht aus einer überschaubaren Anzahl von Personen, die gemeinsam an einer komplexen Aufgabe (Primary Task, siehe Kapitel 1.3.7.) arbeiten. Diese Aufgabe kann nur von Menschen mit unterschiedlichen, einander ergänzenden Fähigkeiten bewältigt werden. In diesem Fall ist Team ein Strukturelement der Aufbauorganisation.

Beispiele: Interdisziplinäre Teams (in Krankenhäusern, in sozialen Einrichtungen) Projektteams, Managementteams, Führungsteams, Schnittstellenteams, Teams in Matrixorganisationen

Arbeitsgruppen: Die zentrale Aufgabe der Organisationseinheit hat einen geringeren Grad an Komplexität. Die Mitarbeiter bearbeiten ähnliche Aufgaben. Die Aufgaben werden in einzelnen Schritten unabhängig von den anderen Mitarbeitern in der Arbeitsgruppe erledigt.

Beispiele: Fließbandarbeit, Aufteilung von einzelnen ähnlich gelagerten Aufgaben (z.B. Kundenbetreuung oder Aktenbearbeitung nach Buchstaben oder regionaler Zuständigkeit)

Teamorientierte Arbeitsgruppen: Um die Arbeitszufriedenheit und nicht zuletzt die Leistung zu steigern, werden wesentliche Elemente der Teamarbeit (Austausch, gemeinsames Lernen, gegenseitige Unterstützung, Zugehörigkeit, Fairness, Partizipativer Führungsstil ...) in die Arbeitsgruppe übernommen. In diesem Fall ordnen wir Teamarbeit der Organisationskultur zu. Es gibt Arbeitsgruppen, deren Mitglieder unabhängig voneinander Kunden betreuen oder schriftliche Erledigungen produzieren. Sie stehen aber in einem regen fachlichen Austausch, betreiben gemeinsam Qualitätssicherung, unterstützen einander bei schwierigen Aufgaben und achten gemeinsam auf eine faire Arbeitsverteilung. Erkenntnisse aus Fortbildungen und Literaturrecherchen werden geteilt, Netzwerke und Kontakte werden für alle nutzbar gemacht.

Ein Beispiel aus dem Sport, wo der Teambegriff allgegenwärtig ist, soll den Unterschied zwischen „echten" Teams und teamorientierten Arbeitsgruppen illustrieren:

BEISPIEL

Echtes Team: Eine Fußballmannschaft kann nur erfolgreich sein, wenn die unterschiedlichen Mannschaftsteile ideal ineinandergreifen. Die elf besten Einzelsportler garantieren keinen Erfolg. (Wie einige „Millionenklubs" immer wieder beweisen.)

Teamorientierte Arbeitsgruppe: Das österreichische Skiteam ist strenggenommen die Summe von Einzelsportlern. Gibt es jedoch Teamgeist als Kulturelement, werden sich die Einzelsportler bei Training und Wettkampf gegenseitig unterstützen. Der Funkspruch der vorderen Läufer an diejenigen, die eine spätere Startnummer haben, dokumentiert das Teamverständnis.

Es gibt eine deutliche Tendenz dazu, dass sich Arbeitsgruppen der Teamarbeit annähern.

	Arbeitsgruppe	Team
Organisation	Nach festen Regeln strukturierte, beständige Einheit	Variabel strukturiert, organisiert sich selbst
Führung, Entscheidungen	Kontrolle, autoritärer Führungsstil, Entscheidungen werden von „oben" getroffen, Einzelverantwortung.	Moderation, partizipativer Führungsstil, Entscheidungen werden intern getroffen (durch Konsens oder Abstimmung, gemeinsame Verantwortung).
Wettbewerb	Oft nach innen gerichtet	Nach außen gerichtet
Wissen, Innovation	Festhalten an bestehenden Verfahren und Prozessen, wenig Veränderungsbereitschaft, Wissen und Informationen bei einzelnen Gruppenmitgliedern	Innovation wird gesucht und provoziert, hohe Veränderungsbereitschaft, das notwendige Wissen und Informationen sind jedem zugänglich, Lernen als Prinzip.
Abhängigkeit	Die Gruppenmitglieder sind relativ unabhängig von der Gruppe, aber abhängig von der Führung.	Die Teammitglieder sind bei der Erreichung ihrer Ziele voneinander abhängig.
Erfolgsorientierung	Einzelleistung	Teamleistung
Kommunikation	Festgeschriebene, starre Informationsflüsse (Dienstweg)	Flexibel und rasch

4.3. Was braucht ein Team?

Damit Menschen in Teams gemeinsam erfolgreich arbeiten können, benötigen sie eine Reihe von Voraussetzungen. Wir orientieren uns hierbei an Bert Voigt.

Ein Team braucht Selbstbestimmung innerhalb eines definierten Rahmens
Es muss klar sein, welche Ergebnisse erzielt werden sollen, woran der Erfolg gemessen wird, in welcher Form das Team unterstützt wird, wie viel Zeit es hat. Innerhalb dieses Rahmens benötigt das Team einen Freiraum, sich seine Arbeit selbst zu organisieren und einzuteilen.

Ein Team braucht eine Verteilung der Aufgaben zwischen den Teammitgliedern
Die einzelnen Teammitglieder haben zumeist unterschiedliche Ausbildungen, Erfahrungen, Befähigungen, aber auch Bereiche, in denen sie weniger gut sind und Entwicklungsbedarf haben. Die Arbeit soll so aufgeteilt werden,

dass jeder nach seinen Fähigkeiten eingesetzt wird und sich auch weiterentwickeln kann. Diese Einteilung ist flexibel. Dafür ist ein funktionierender Austausch zwischen allen Teammitgliedern erforderlich.

Ein Team braucht ein Ziel

Es genügt nicht, dass das Ziel einfach vorgegeben wird und als aufgezwungen erlebt wird. Wesentlich ist, dass die Zielsetzungen anerkannt und als wichtig erachtet werden. Dies ist eher zu erwarten, wenn das Team Gelegenheit hatte, an der Zielformulierung und der Aufgabenstellung mitzuarbeiten.

Ein Team braucht eine schnelle und offene Kommunikation

Kommunikation darf möglichst wenig durch starre Abläufe geprägt und verzögert sein. Das Team hat nur dann einen Leistungsvorteil, wenn alle die Möglichkeit haben, sich einzubringen und ihre Beiträge ernst genommen werden.

Es kann sein, dass in einem Team einer die anderen beherrscht, sei es, weil er als Teamleiter eingesetzt ist, sei es, dass er sich die Macht dazu selbst genommen hat und dies akzeptiert wird. Es kann auch sein, dass in einem Team abweichende Meinungen und Äußerungen zu wenig toleriert werden. Das ist jedenfalls als problematisch zu sehen, denn ein Team kann nur dann intelligent handeln, wenn Meinungsvielfalt besteht. Aus dieser heraus werden mit größerer Wahrscheinlichkeit die richtigen Entscheidungen getroffen.

Es ist zusätzlich erforderlich, dass die Organisation mit ihren Teams offen redet und für das, was das Team sagt, ihrerseits offen ist.

Ein Team braucht Führung

Führung im Team ist nicht Selbstzweck. Sie dient nicht dazu, dass die Führungskraft ihre Macht ausspielen kann. Führung ist eine Dienstleistungsfunktion, um in guter Zusammenarbeit zu starken Ergebnissen zu kommen.

Ein gutes Team führt sich in mehr oder weniger großen Teilbereichen selbst. Das bedeutet, es entwickelt ein dynamisches Zusammenspiel. Man kann dies mit einer erfolgreichen Fußballmannschaft vergleichen, die sich gut auf die gegnerische Mannschaft einstellt, sich geschickt je nach Situation am Spielfeld verteilt, den Ball zumeist in der Mannschaft hält und diesen in Richtung Tor und auch ins Tor hineinspielt. Dies bezeichnet man auch als

Selbstorganisation. Selbstorganisation bedeutet, dass sich aus den Einzelbeiträgen ein gemeinsames Verhalten, ein Zusammenspiel entwickelt. Führung im Team kann als Pflege und Förderung der sich ergebenden Selbstorganisation verstanden werden.

Führung im Team erfolgt zumeist durch einen von der Organisation eingesetzten Teamleiter. Es kommt auch vor, dass Teams selbst einen Leiter auswählen oder die Leitung gemeinsam wahrnehmen. Die Führungsaufgaben werden dann auf die Teammitglieder verteilt. In einem Team müssen die Führungsaufgaben somit nicht von einem Leiter wahrgenommen werden. Entsteht jedoch ein Führungsvakuum, weil sich niemand um die Führung kümmert, reagieren Teams häufig mit Passivität und Lähmung durch Konflikte und Ängste. Die Stimmung und die Leistung gehen nach unten.

Ein Team braucht Unterstützung

Die Gesamtorganisation muss dem Team die Arbeitsmittel und die Informationen zur Verfügung stellen, die es benötigt. Eine Form der Unterstützung besteht auch darin, Konflikte, mit denen das Team auf sich allein gestellt überfordert ist, zu bearbeiten und nach Möglichkeit zu lösen.

Teams können verschiedenen Risiken und Gefahren ausgesetzt sein. Dies kann bei gefährlichen Arbeiten gegeben sein oder wenn es mit schwierigen Kunden oder Klienten zu tun hat und auch, wenn ein Scheitern des Teams große finanzielle Verluste oder eine existenzielle Gefährdung der Organisation zur Folge hätte. Es ist wichtig, dass diese Befürchtungen offen angesprochen werden. Es kann aber auch sein, dass diffuse, schwer greifbare Ängste auftreten, die Bedürfnisse nach Schutz und emotionaler Sicherheit erzeugen. Auch diese müssen abgedeckt werden und dürfen nicht zu kurz kommen.

Ein Team braucht ein Leistungserlebnis

Ein Team, das keine Erfolgserlebnisse hat, das zu wenige oder schlechte Ergebnisse erzielt, verzagt und verliert die Motivation. Sein Selbstvertrauen leidet. Die Fähigkeit, die eigene Situation selbstkritisch zu überdenken, zu analysieren und Lösungen zu entwickeln, verringert sich. Bleibt der Erfolg länger aus, entstehen Selbstzweifel, die leicht zu einer Abwärtsspirale führen können. Wir haben einige Male Teams beraten, die dermaßen unter dem Eindruck einzelner Misserfolge standen, dass sie das positive Gesamtbild ihrer Leistungen aus dem Blick verloren.

Es ist jedoch wichtig, dass Teams ein gesundes Selbstwertgefühl entwickeln. Dies beinhaltet einerseits professionellen Stolz und Zufriedenheit, andererseits aber auch eine nüchterne und genaue Analyse von Erfolgen wie von vertanen Chancen. Sind diese Voraussetzungen erfüllt, entsteht bei den Teammitgliedern psychologische Sicherheit, also ein Klima, in dem das Team Neues ausprobiert, intelligente Risiken eingeht und einen offenen Austausch über Fehler pflegt. Psychologische Sicherheit (Edmondson 2013) begünstigt bei den Teammitgliedern folgende Einstellungen und Verhaltensweisen:

- Aufzeigen von Herausforderungen, Unsicherheiten und gegenseitigen Abhängigkeiten, mit denen das Team konfrontiert ist. So werden Risiken und Herausforderungen frühzeitig identifiziert.
- Das Stellen von offenen und öffnenden Fragen an die anderen wird als gewinnende Einladung, auch einen Beitrag zu leisten, wahrgenommen. Dies ist auch ein Zeichen des Respekts vor der Lösungskompetenz der anderen.
- Einbringen der eigenen Gedanken, Sorgen und Empfindlichkeiten. Dies ermöglicht Nähe und Vertrauen.

Um alle diese Voraussetzungen einigermaßen zu erfüllen, bedarf es eines gewissen Aufwands. Es empfiehlt sich, wenn ein Team zu arbeiten beginnt, Teamentwicklung zu betreiben. Dies bedeutet, sich gut kennenzulernen und gemeinsam festzulegen, wie das, was das Team braucht, geschaffen und garantiert werden kann. Dem Team muss vermittelt werden, was die Gesamtorganisation von ihm erwartet und wie es bei seinen Aufgaben unterstützt wird. Dies erfordert Vereinbarungen, die die Möglichkeiten und Bedürfnisse des Teams wie des Vorgesetzten berücksichtigen und respektieren.

Es ist üblich, dass Autos jährlichen Service erhalten. Dabei wird der technische Zustand überprüft und es werden notwendige Wartungen und Reparaturen vorgenommen. Bei Teams sollte es nicht anders sein. Auch sie sollten jährlich gemeinsam überprüfen, was sie wie erreicht oder auch nicht erreicht haben, wie die Zusammenarbeit war, wie es um die Zufriedenheit steht – des Teams mit sich selbst, aber auch der Organisation mit dem Team. Anschließend, und hier beginnt der Vergleich mit den Autos zu hinken, ist es angesagt, die Ziele für das nächste Jahr zu vereinbaren und Wege zur Erreichung dieser Ziele zu entwickeln.

4.4. Wie viel Leitung ist in Teams erforderlich?

Letztlich geht es in Organisationen darum, ihr langfristiges Überleben auch unter schwierigen Bedingungen zu gewährleisten. Daran wird sich entscheiden, welche Formen organisationaler Steuerung und Führung sich längerfristig durchsetzen werden. Die Entwicklung, Hierarchien abzubauen, ist jedenfalls in vollem Gange und wird wohl nicht so rasch ihr Ende finden. Denn der Mangel an qualifizierten Arbeitskräften nimmt zu, immer mehr Menschen haben immer mehr Wahlmöglichkeiten, in welchen Organisation sie arbeiten. Ihre Bereitschaft, Zumutungen durch schlechte Führung oder hemmende und befremdliche Arbeitsbedingungen hinzunehmen, wird geringer. Sie sehen die Organisation und ihre Führungskräfte als Dienstleister, die sie und ihre Teams zu servicieren haben. Führungskräfte sollen für eine förderliche Arbeitsumgebung und für eine Unternehmensentwicklung sorgen, die einen beständigen und attraktiven Arbeitsplatz gewährleistet, an dem man sich gut persönlich weiterentwickeln kann. Ein wesentlicher Faktor hierfür ist ein Team, in dem man sich gut aufgehoben und zugleich erfolgreich fühlt.

Eine Möglichkeit, als Unternehmen für Arbeitnehmer der Zukunft attraktiv zu sein, ist eine „soziokratische“ Organisation: In soziokratischen Organisationsmodellen kommen Entscheidungen in Teams „konsent“ zustande. Dies bedeutet, dass alle Beteiligten zustimmen müssen oder zumindest keine schwerwiegenden Einwände haben dürfen. Die Koordination der einzelnen Teams, die auch als Kreise bezeichnet werden, und teamübergreifende Entscheidungen erfolgen wiederum in Kreisen, in denen die einzelnen Teams vertreten sind. Wer wichtige Funktionen einnimmt, wird ebenfalls nach dem Konsentprinzip entschieden. Organisationen haben einen weiten Gestaltungsspielraum, wie sie diese Grundsätze konkret umsetzen.

Solche Modelle der Selbstorganisation sind in einer Reihe von mittelständischen Unternehmen, aber auch in Teilbereichen großer Organisationen wie Daimler (Automarke Mercedes) oder der Deutschen Bahn bereits umgesetzt, befinden sich derzeit jedoch noch in der Pilotphase; in der Fachwelt wird hierüber eine rege Diskussion geführt. Als Vorteile werden angesehen: höhere Zufriedenheit von Mitarbeitern, Förderung von Eigenständigkeit, Neuerungen und damit auch mehr unternehmerischer Erfolg. Skeptiker sehen hingegen die Gefahr, dass sich informelle, also offiziell nicht ausgewiesene Hierarchien bilden, Konflikte nur schlecht gelöst werden können und notwendige mutige Entscheidungen in Krisensituationen oder bezüglich einzelner Mitarbeiter vermieden werden.

4.5. Teams in Zeiten der Krise

In Krisen treten die Potenziale, Ressourcen, Stärken von Menschen, Teams und Organisationen ebenso wie deren Defizite, Schwächen und Störungen unverhohlen ans Tageslicht. Die verhüllenden Schichten von Routinen, Gepflogenheiten und Konventionen fallen weitgehend weg. Krisen sind somit Stunden der Nacktheit.

Der plötzliche und völlig unerwartete Lockdown nach dem Auftreten der Covid-19-Pandemie stellte Organisationen und die in ihnen arbeitenden Teams vor außergewöhnliche Herausforderungen. Innerhalb kürzester Zeit mussten Kommunikation, Kooperation, Entscheidungsfindung und Leistungserbringung neu ausgerichtet werden. Nach unseren Erfahrungen gelang dies in sehr unterschiedlicher Weise. Teams und Organisationen, die die über sie hereingebrochene Krise rasch geschickt bewältigten, zeigten folgende Gemeinsamkeiten:

- → Rasche Entwicklung von einfachen und klaren strategischen Grundsätzen der Krisenbewältigung
- → Bereitschaft, alte mentale Modelle gegen neue Grundsätze und Überzeugungen einzutauschen. Anstelle des Leitsatzes „Wir müssen wissen, was unsere Mitarbeiter tun. Das können wir nur, wenn sie anwesend sind" trat die Meinung „Je entfernter wir voneinander sind, desto mehr müssen wir in unsere Arbeitsbeziehungen investieren. Nährboden für gute Leistungen sind Klarheit von Aufträgen und Rahmenbedingungen, Vertrauen in Selbstorganisation und Transparenz von erzielten Ergebnissen".
- → Eine optimistische Grundhaltung: „Was immer auch kommt, wir kommen damit zurecht."
- → Partizipative und gleichwohl reaktionsschnelle Entscheidungsprozesse
- → Sicherheit und Orientierung gebende Führung
- → Improvisationsfähigkeit

- → Vertrauen in die Problemlösungskompetenz von Teammitgliedern
- → Abstecken eines klaren Rahmens, in dem sich die Teammitglieder situationsadäquat bewegen können
- → Förderliche Informations- und Kommunikationsprozesse unter Einsatz verschiedener IKT-Tools (siehe unten)
- → Vereinfachung von Arbeitsabläufen
- → Intensive Auseinandersetzungen mit der Frage: „Was brauchen unsere Klienten/Kunden/Anspruchsberechtigten von uns vor allem?“
- → Fairness und Transparenz bei zuvor ungewohnten Differenzierungen zwischen Mitarbeitern (Ausgestaltung von Homeoffice, Formen von Kurzarbeit, Höhe der Arbeitsbelastung, Intensität der Ansteckungs-Exposition)

4.6. Virtuelle Teams und Homeoffice

In weltweit tätigen Organisationen und Firmen, die Arbeitsleistungen von im Ausland lebenden Mitarbeitern beziehen, war die Arbeit in virtuellen Teams bereits vor der Pandemie Alltag. Homeoffice war bereits vor 2020 in vielen Organisationen eine verbreitete Arbeitsform, während andere Organisationen diesem Modell skeptisch gegenüberstanden. Mit Covid-19 entwickelte sich wie zuvor dargestellt rasch eine neue Arbeitswelt. Bereits jetzt ist absehbar, dass in vielen Organisationen virtuelle Teams und Homeoffice gekommen sind, um zu bleiben.

Die Realisierung der neuen Arbeitsformen stellt zusätzliche Herausforderungen an Teams dar, ihre Unterschiede produktiv und fair zu nützen. Der Grundsatz, dass Teamleitung die Organisation von Selbstorganisation ist, erhält eine besondere Bedeutung. Lynda Gratton (2021) folgend gilt es damit, Antworten auf vier Fragenkomplexe zu entwickeln:

- → Welche Aufgaben und Tätigkeiten sind in welcher Form zu erbringen? Wann sollten alle Teammitglieder gemeinsam anwesend sein? Was soll individuell erarbeitet werden, was gemeinsam in virtueller Form geleistet werden?
- → Was sind die Präferenzen der einzelnen Teammitglieder? Unter welchen Bedingungen sind sie persönlich am produktivsten? Welche Szenarien der Zusammenarbeit mit welchen Risiken und Chancen ergeben sich daraus?

- Wie sind die Leistungsprozesse, wie ist der Workflow zu organisieren? Welche Technologien und Tools sind sinnvoll? Hier geht es nicht nur um technische Anpassungen, sondern auch um Neugestaltung von Abläufen, deren bisherige Selbstverständlichkeit produktiv hinterfragt wird.
- Wie können Inklusion und Fairness gewährleistet werden? Wenn man die Teammitglieder in die Entwicklung neuer Zusammenarbeitsmodelle einbezieht, besteht eine große Chance, dass Lösungen entstehen, die sich als fair, vernünftig und produktiv erweisen.

Dominic Lindner (2020) hat unter anderem folgende Empfehlungen:

- Wichtige Technologien für virtuelle Teams sind Chat-Systeme, Filesharing, Verwendung von Boards, die die Arbeit visualisieren. Das Board dient als Informationsknoten. Dort wird die Information darüber verteilt, wer zu welcher Zeit was erledigen kann.
- Kombination verschiedener virtueller Meetingformate. In Betracht kommen: Dailys, sehr kurze tägliche Meetings, Teamweeklys zu allgemeinen News zum Unternehmen und zu persönlichen Themen, Taskboardmeetings, in denen der Erledigungsstand des Boards thematisiert wird, Retrospektiven als monatliche Rückschau, was gut und was schlecht gelaufen ist, Stammtische im virtuellen Raum, damit das Team in lockerer Atmosphäre seine Gemeinsamkeit pflegen kann, kurze wöchentliche Meetings des Teamleiters mit jedem einzelnen Mitglied.

In der Arbeit mit virtuellen Teams und Homeoffice warnen wir – ebenso wie auch ganz allgemein – vor der unreflektierten Übernahme von Patentlösungen. Es gilt, partizipativ maßgeschneiderte Lösungen zu entwickeln und laufend zu verfeinern. Dies bedeutet nicht nur einen sozialen Lernprozess des Teams, sondern auch persönliche Entwicklungsprozesse der Teammitglieder und des Teamleiters. Alle Beteiligten müssen umso mehr Feingefühl für schwache Signale entwickeln, je weniger sie einander unmittelbar erleben.

4.7. Teamentwicklung

Leistungsstarke Teams in ihrer Entwicklung zu begleiten und zu fördern ist also eine zentrale Führungsaufgabe. Dabei sollten Führungskräfte strukturiert vorgehen und ihr Augenmerk auf fünf unterschiedliche Ebenen in der Teamentwicklung richten.

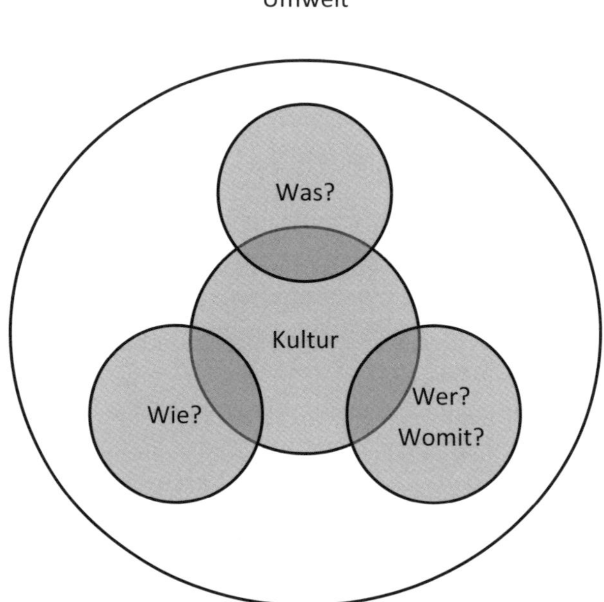

Abb. 23: Die fünf Ebenen der Teamentwicklung

Klarheit in der gemeinsame Aufgabe (Primary Task)

Teams brauchen Klarheit über ihre zentrale Aufgabe. Welchen Beitrag leistet das Team zur Erfüllung der Ziele der übergeordneten Organisationseinheit bzw. des gesamten Unternehmens? Welchen Beitrag leistet das Team zur Umsetzung der Unternehmensstrategie, zur Erfüllung der Mission? Die Klarheit im Auftrag, in den Zielen ist eine unabdingbare Notwendigkeit für erfolgreiche Teamarbeit.

Klarheit, wer die Adressaten der (Dienst-)Leistungen sind

Handelt es sich um ein Team, das direkt am Kernprozess beteiligt ist, oder wird die Leistung für interne Kunden erbracht? Entsprechend dem Leitbild hat das Team eine klare Vorstellung, wie die Mitarbeiter von den „Kunden" bzw. „Leistungsempfängern" erlebt werden wollen. Es gibt klar definierte

Servicelevels, die über Qualität und Zeitraum der erbrachten Leistungen Klarheit schaffen.

Klarheit in der Struktur

Stellenplan, Arbeitsplatzbeschreibungen, Aufgabenverteilung, Klären von Verantwortungen und Zuständigkeiten, Prozessbeschreibungen. Es gibt Prozesse für Kommunikation (Information, Austausch, gemeinsames Lernen, ...), Mitarbeitergespräche sind strukturell verankert.

Ressourcen

Die Mitarbeiter haben die für die Erfüllung ihrer Aufgaben notwendigen Kompetenzen, Haltungen und Einstellungen (siehe Haus der Arbeitsfähigkeit Kapitel 2.4.) sowie die für die Leistungserbringung notwendigen Mittel und Werkzeuge zur Verfügung.

Kultur

Ed Schein beschreibt die Unternehmenskultur als „ein Muster gemeinsamer Grundprämissen, das die Gruppe bei der Bewältigung ihrer Probleme externer Anpassung und interner Integration erlernt hat, das sich bewährt hat und somit als bindend gilt; und das daher an neue Mitglieder als rational und emotional korrekter Ansatz für den Umgang mit Problemen weitergegeben wird". Schein (1985, S. 25)

Obwohl die Unternehmenskultur in allen Bereichen der Organisation wirkt, haben Teams die Möglichkeit, eine eigene Teamkultur zu etablieren. Aus unserer langjährigen Praxis können wir viele Beispiele anführen, die dies eindrucksvoll zeigen. Es gibt Teams, bei denen Fluktuation, Krankenstände und Konflikte an der Tagesordnung sind, während im Parallelteam der gleichen Organisation eine hohe Arbeitszufriedenheit herrscht.

4.7.1. Werkzeuge und Methoden

Teamrollen

Wie bereits erwähnt, arbeiten Teammitglieder mit unterschiedlichen Fähigkeiten an einer gemeinsamen Aufgabe. Neben den fachlichen Fähigkeiten tragen auch persönliche Kompetenzen zum Teamerfolg bei. Wenn Menschen mit außergewöhnlichen Begabungen nicht in der Lage sind, das Teamziel über das persönliche Ziel zu stellen oder in der Zusammenarbeit mit anderen ihre Fähigkeiten zu leben, ist die Leistungsfähigkeit von Teams gering.

R. M. Belbin, der in vielen Studien Erfolgskriterien für Teams erforscht hat, konnte nachweisen, dass Teams, die mit fachlich herausragenden Personen besetzt werden, keine Garantie für Spitzenleistungen sind. Bei der Versuchsanordnung wurden „Firmen" gebildet, die in einem Unternehmensplanspiel gegeneinander antraten. Eine „Firma" wurde aus den Personen zusammengesetzt, die bei vorangehenden Tests am besten abschnitten. Ergebnis dieser Studie: Das sogenannte „**Apollo Hochleistungsteam**" wurde Letzter! Die Teammitglieder verbrachten viel Zeit mit sinnlosen Diskussionen, in denen sie stets versuchten, die anderen von der Qualität ihrer Lösung zu überzeugen. Disput anstelle von Dialog! Fazit dieser Studien: Die Fachkompetenz der Teammitglieder garantiert keinen Teamerfolg. Leistungsstarke Teams achten darauf, dass die wesentlichen Teamrollen besetzt sind.

Meist werden in Organisationen Rollen aufgrund spezieller fachlicher Anforderungen erfüllt (funktionale Rollen). Der Belbin-Test bietet die Möglichkeit, bei der Auswahl von Teammitgliedern bzw. bei der Zuteilung von Zusatzaufgaben auch persönliche Charakteristika und Fähigkeiten mit einzubeziehen. Der Test zeigt auch, welche Rollen und damit verbundenen Kulturelemente in Teams stärker repräsentiert sind bzw. gibt Auskunft über mögliche Defizite.

Typ	Symbol	Typische Eigenschaften	Stärken	Zulässige Schwächen
Umsetzer	UM	Konservativ, pflichtbewusst, berechenbar	Setzt Ideen und Konzepte in die Tat um, hart arbeitend, selbstdiszipliniert.	Etwas unflexibel, lehnt unbewiesene Ideen ab.
Vorsitzender	VO	Selbstsicher, vertrauensvoll	Stellt schnell die individuellen Talente der Gruppenmitglieder fest und weiß ihre Stärken unvoreingenommen zu nutzen. Hat einen ausgeprägten Sinn für Ziele. Soziale Kompetenz	Eher wenig kreativ

Typ	Symbol	Typische Eigenschaften	Stärken	Zulässige Schwächen
Macher	MA	Aufgeschlossen, stark angespannt, dynamisch	Antrieb, bekämpft Trägheit und Ineffizienz, selbstzufrieden, übt Druck aus.	Neigung zu Provokation, Irritation und Unaufmerksamkeit
Neuerer/Erfinder	NE	Individualistisch, ernst, unorthodox	Genial, phantasievoll, großes Denkvermögen	Oft mit seinen Gedanken woanders, neigt dazu, praktische Details und Anweisungen zu missachten.
Wegbereiter/ Weichensteller	WW	Extravertiert, begeistert, kommunikativ	Stellt gern in- und externe Kontakte her, greift neue Ideen auf, reagiert auf Herausforderungen.	Verliert das Interesse, wenn die Anfangsbegeisterung abgeflacht ist.
Beobachter	BO	Besonnen, strategisch, scharfsinnig	Urteilsfähigkeit, Diskretion, Nüchternheit	Mangel in Antrieb und der Fähigkeit, andere zu inspirieren.
Teamarbeiter/ Mitspieler	TM	Umgänglich, sanft, empfindsam	Hat die Fähigkeit, mit unterschiedlichen Situationen und Menschen fertigzuwerden. Fördert den Teamgeist.	Nicht entscheidungsfähig bei Zerreißproben
Perfektionist	PF	Sorgfältig, gewissenhaft, ordentlich, ängstlich	Fähigkeit zur vollständigen Durchführung, Perfektionismus	Tendenz, sich schon über kleine Dinge zu sorgen

Führungskräfte, die diesen Test verwenden wollen, finden ihn im zitierten Buch von M. Belbin. Darüber hinaus gibt es den Test auf verschiedenen Internetseiten. Kostenlos und meist gut aufbereitet.

WEITERFÜHRENDE LITERATUR

Belbin, R. M., Managementteams, Freiburg 2001

Teamdiagnose

Die Teamdiagnose ist ein wichtiger erster Schritt im Prozess der Teamentwicklung. Auf Basis einer Analyse werden Ziele formuliert und konkrete Umsetzungsschritte erarbeitet. Die Diagnose beleuchtet die oben beschriebenen fünf Ebenen der Teamentwicklung. Einige Einsatzmöglichkeiten:

- Jährliche Standortbestimmung, um Stärken und Entwicklungsfelder zu identifizieren (auch im Rahmen einer Teamklausur)
- Vorbereitung auf die Übernahme einer Teamleitungsfunktion
- Vorbereitung auf das eigene Mitarbeitergespräch, das der Vorgesetzte mit der Teamleitung führt

Immer dient dieser Analyseschritt der Stärkung des Gesamtblicks, auch dazu, zu hinterfragen, welche Teilbereiche ich als Führungskraft bisher mehr oder weniger beachtet habe, was ich möglicherweise gar nicht weiß, welche Ansatzpunkte für Veränderungen oder Anpassung sich zeigen, wo ich zufrieden sein kann. In der Analyse richte ich den Blick zuerst nach außen.

Die Erarbeitung des strategischen Rahmens (Mission Statement, Leitbild, Vision), der Umweltanalyse und der Strategie sind zentrale Aufgaben des Managements. Führungskräfte des mittleren Managements haben die Aufgabe, die strategischen Ziele (Wirkungsziele) in ihren Teams zu kommunizieren. Dies fördert Durchschaubarkeit und Sinnhaftigkeit der einzelnen Prozessschritte in den Teams. Gleichzeitig ist dies die Voraussetzung für intrinsische Motivation (siehe Kapitel 3.6.1.). Der strategische Rahmen wird meist in Form eines Leitbildprozesses erarbeitet. Die Umweltanalyse ist wesentlicher Teil der sogenannten SWOT-Analyse.

4.7.2. Entwicklungsphasen von Teams

Wie Organismen durchlaufen auch Teams Entwicklungsstufen. So lassen sich bei der Entwicklung von Teams vier Entwicklungsphasen beobachten:

- Forming (Testphase)
- Storming (Nahkampfphase)
- Norming (Organisierungsphase)
- Performing (Integrationsphase)

Dieser natürliche Entwicklungsprozess kann durch gezielte Maßnahmen (Teamcoaching) deutlich beschleunigt werden.

Testphase (Forming)

Stimmung, Phänomene	Subjektives Erleben	Führungsaufgaben
→ Höflich, vorsichtig, unpersönlich, gespannt; → Zurückhaltendes Agieren → Langsame Annäherung	→ Unsicherheit → Anspannung → Distanz	→ Herausarbeiten des Teamziels → Fördern des Kennenlernens → Ziele der Mitglieder wahrnehmen → Entwickeln von Spielregeln für die Zusammenarbeit

Nahkampfphase (Storming)

Stimmung, Phänomene	Subjektives Erleben	Führungsaufgaben
→ Gereizte Stimmung → Unterschwellige Konflikte → Cliquenbildung → Mühsame Entscheidungsprozesse → Langsames Vorwärtskommen → Konfrontation einzelner Personen	→ Enttäuschung → Angst vor Teamversagen → Kränkung → Gefühl von Sinnlosigkeit und Ohnmacht → Gedanken, das Team zu verlassen	→ Die Logik dieser Teamphase verständlich machen → Den Blick auf das richten, was funktioniert → Konflikte und Angriffe nicht überbewerten → Die Aufgabe in den Mittelpunkt rücken → Entwickeln einer Streitkultur → Organisieren externer Begleitung (Teamcoaching)

Organisierungsphase (Norming)

Stimmung, Phänomene	Subjektives Erleben	Führungsaufgaben
→ Positiv, realistisch → Konfrontation der Standpunkte → Klarheit in den Rollen und der Aufgabenverteilung → Entwickeln neuer Umgangsformen (Feedback)	→ Gesteigertes Vertrauen → Zunehmendes Wir-Gefühl → Sicherheit, Klarheit	→ Neben dem Was (Ziel) auch auf das Wie (Methoden, Prozesse) achten → Installieren einer Feedbackkultur → Kontakt zu den Schnittstellen fördern → Weiterbildung und Teamlernen fördern

Integrationsphase (Performing)

Stimmung, Phänomene	Subjektives Erleben	Führungsaufgaben
→ Ideenreich, flexibel, offen → Solidarisch, hilfsbereit → Gemeinsame Freizeitaktivitäten → Gute Zielerreichung → Selbstverständliche Weitergabe von Wissen und Informationen	→ Starkes Wir-Gefühl → Stolz auf die eigene Leistung und die Teamleistung → Nähe, oft Freundschaften zu Teammitgliedern → Wunsch nach Aufrechterhaltung des Status quo	→ Hinterfragen und adaptieren der Teamregeln → Permanente Weiterentwicklung fördern → Ständig neue Anreize schaffen → Auf die Gefahr von Trägheit und Routine hinweisen → Erfolge registrieren und feiern

In unserer Begleitung von Teams verwenden wir dieses Modell gerne bei Führungswechseln, wenn neue Teammitglieder hinzukommen oder bei einer tiefergreifenden Veränderung in den Abläufen. Dann wird deutlich erkennbar, dass diese Entwicklungsphasen nicht linear betrachtet werden dürfen, sondern dass jedes Team durch eine Veränderung wieder in eine der ersten Phasen zurückfallen kann.

Besonders schmerzlich wird das von Teams erlebt, die lange Zeit stabil in der Performing-Phase gearbeitet haben und sich in der Forming- oder Storming-Phase wiederfinden. Da liegt die Suche nach Schuldigen nahe. In solchen Zeiten hilft externe Begleitung, denn meistens ist auch die Führungskraft betroffen und fühlt sich angesichts der allgemeinen Hilflosigkeit selbst ohnmächtig. Zudem ist die Führungskraft auch gefordert, die eigene Rolle zu reflektieren und neu auszurichten.

In der Teamphase Performing wird Führung wie jede andere Teamrolle in ihrer Funktion wahrgenommen und vor allem das Hilfreiche daran gesehen. Die Führungskraft fühlt sich als Teil des Teams und ist auch in die freundschaftlichen Kontakte mit eingebunden. Die Selbstorganisationskraft von Teams ist in dieser Phase gut beobachtbar. In allen anderen Phasen wird die Führungskraft eher in ihrer Machtposition wahrgenommen und nicht als Teil des Teams gesehen. Sie ist gut beraten, zu allen die gleiche Distanz zu halten, sorgfältig auf Transparenz zu achten und persönliche Freundschaften im Team auf das Private zu beschränken. Das ist notwendig, um das Team gut durch die schwierigen Zeiten zu bringen und der Führungsaufgabe Teamentwicklung gerecht werden zu können.

Dass die Führungskraft mit ihrer besonderen Aufgabe im Team vor allem in der Phase des Stormings oft nicht als Teammitglied wahrgenommen wird, erfahren wir in der Praxis durch Fragen wie: „Können wir die Supervision nicht ohne Leitung machen? Da können wir ja nicht offen reden!" Oder: „Was macht die Führungskraft da? Das soll ja ein Teamseminar sein!"

Hier gilt der Grundsatz: Kein Team ohne Leitung! Teamleitung ist eine wichtige Teamrolle. Was im Beisein der Führungskraft nicht besprochen werden kann, soll ohnehin besser unausgesprochen bleiben. Denn oft dienen Besprechungen ohne die Teamleitung nur der Steigerung der gemeinsamen Empörung, ohne eine Lösung in den Fokus zu rücken. Dabei sprechen wir selbstverständlich nicht von ernsten Verstößen einer Führungskraft, die allerdings ohnehin an die nächste Ebene gemeldet werden müssten und in einem Teamseminar nicht am richtigen Platz sind.

Das Wissen um die Entwicklungsphasen und wie ein Team die Dynamik selbst positiv beeinflussen kann, erleichtert und entlastet die Teammitglieder. Die Erkenntnis, dass niemand schuld ist, dass die Zusammenarbeit zäh, vorsichtig und angespannt läuft, lenkt den Blick auf das, was dagegen getan werden kann, also in Richtung Lösung. Wir empfehlen hier, sich mit Teamregeln wieder neu zu orientieren. Das Arbeitsblatt Teamregeln (siehe unten) kann der Führungskraft hierzu Anleitung geben.

Vor allem wenn das Team in die Entwicklungsphase des „Storming" kommt und es schwierig ist, konfliktbehaftete Themen offen anzusprechen, helfen gemeinsam erarbeitete Teamregeln dabei, den Übergang in die Phase des „Norming" zu schaffen. Dem Team als Einleitung das Modell der Teamphasen vorzustellen und es einschätzen zu lassen, in welcher Teamphase sich die Teammitglieder sehen, kann viel zum Verstehen des emotionalen Erlebens beitragen und damit die Durchschauungsfähigkeit (siehe Kohärenzsinn in Kapitel 2.1.1.).

Eine weitere Einsatzmöglichkeit dieses Formats: Wenn im Rahmen einer Teamklausur der Blick auf die Zukunft gerichtet wird, das Team sich mit der Vision beschäftigt, sind Teamregeln ein wichtiger Teil des Zukunftsbildes. Die Auseinandersetzung mit der Frage, was jede und jeder braucht, um sich in der gemeinsamen Arbeit wohlzufühlen, welche Mindeststandards im Umgang miteinander erwünscht sind, trägt zum besseren Kennenlernen bei und schafft „Leitplanken“ für das Verhalten im Team. Außerdem können Verstöße mit dem Verweis auf das gemeinsam erstellte Werk leichter angesprochen werden.

Wenn die Störung nicht auf der Beziehungsebene liegt, sondern die inhaltliche Identifikation verloren gegangen ist, die Motivation absinkt, die Pausengespräche sich klagend im Kreise drehen – oft eine Folge von zu wenig angekündigten oder wenig nachvollziehbaren Veränderungen in der Organisation, ist wieder die Führungskraft gefordert, das Team zu unterstützen.

Hier kann das Arbeitsblatt „Teamdiagnose“ helfen, die Entscheidungen durchschaubarer zu machen:

ARBEITSBLATT

Teamdiagnose

Strategischer Rahmen der Gesamtorganisation als Basis für die Teamaufgabe (Wird vom Managementteam erarbeitet)

→ Was tun wir? Wozu gibt es uns? Welchen Nutzen stiften wir? Welche Wirkungen wollen wir erzielen? Für wen? Wohin wollen wir?
→ Wer sind unsere Kunden? Sind in absehbarer Zeit Veränderungen im Kundensystem zu erwarten? Welche Bedarfe ergeben sich daraus?
→ Wie wirken sich gesellschaftliche und globale Entwicklungen, die Politik auf das Unternehmen/ die Organisation aus?
→ Welche Mitbewerber haben wir auf dem Markt? Gibt es bei diesen Veränderungen, die sich auf uns auswirken können?
→ Wer sind unsere wichtigsten Kooperationspartner, Zulieferer, Schnittstellen …?
→ Von welchen Werten sind wir geleitet? Was ist bei uns wichtig?
→ Wie ist es generell um die Unternehmenskultur bestellt? Wie gehen Führungskräfte miteinander um? Gibt es regelmäßige Besprechungen? Gibt es einen Verhaltenskodex?

Nach dieser Organisationsbetrachtung richtet sich der fragende Blick auf das eigene Team:

Aufgabe (Was?)

→ Primary Task: Was ist die Hauptaufgabe unseres Teams?
→ Was ist unser Beitrag zur Strategie, zu den Zielen der Organisation, des Unternehmens, der übergeordneten Einheit?

- Was soll mit unserer Aufgabe für wen bewirkt werden? – interne, externe Kunden (siehe Umweltanalyse)
- Woran erkennen wir, dass die beabsichtigte Wirkung erzielt wurde?

Struktur (Wie?)

- Arbeiten wir im Kern- oder Supportprozess?
- Wie ist unser Team strukturiert? Gibt es unterschiedliche Aufgabenbereiche, Subteams …?
- Wie, auf welche Weise erledigen wir unsere Aufgaben? Welche Prozesse sind für die Abläufe definiert? Gibt es ein Organisationshandbuch?
- Gibt es klare Stellenbeschreibungen?
- Gibt es für die Teamleitung Stellvertreter? Sind die Kompetenzen klar geregelt?
- Gibt es Regeln für Vertretungen? Gibt es für wesentliche Aufgaben Redundanzen?
- Wie funktioniert die Schnittstellenzusammenarbeit? Gibt es regelmäßige, definierte Prozesse für Besprechungen, Informationsaustausch? Wird dokumentiert?
- Gibt es Prozesse für Informationsaustausch und gemeinsames Lernen? Gibt es fixe Besprechungstermine?
- Gibt es Instrumente für spezifische Situationen? (Mitarbeitergespräche, Vorgehensweisen bei Konflikten)

Ressourcen (Wer? Womit?)

- Welche Mitarbeiter mit welcher Qualifikation und welcher Haltung brauchen wir für die Erfüllung unserer Teamaufgaben? Wie sind wir in Bezug darauf aufgestellt? Stärken-Schwächen-Analyse!
- Gibt es ein Personalentwicklungskonzept? Beachtung der nahenden Pensionierungen, Generationenmanagement …?
- Werden regelmäßig Mitarbeitergespräche geführt?
- Wie schätze ich Arbeitszufriedenheit und Engagement meiner Teammitglieder ein? Habe ich einen Überblick über die Verteilung nach KÖNNEN und WOLLEN? (Siehe Kapitel 4.2.)
- Wie sichern wir unser Wissen ab? Gibt es Wissensmanagementprozesse?
- Gibt es Einschulungskonzepte, Mentoring?
- Wie werden individuelle Schulungsbedarfe erhoben? Welche Fortbildungsmöglichkeiten gibt es?

- → Wie sind die Arbeitsplätze ausgestattet? Arbeitsergonomie?
- → Haben die Mitarbeiter die für die Arbeit notwendigen Mittel und Werkzeuge zur Verfügung?
- → Wie ist die Infrastruktur?
- → Wie war das Ergebnis der letzten Mitarbeiterbefragung (bezogen auf das Team)?

Kultur

- → Welche Haltungen und Einstellung verlangt die Team-Aufgabe? Wie wird diese Anforderung im Team gelebt?
- → Welche Stimmung, welches Klima herrscht in unserem Team? (Vertrauen, Offenheit, Humor, Nähe – Distanz, bereitwilliger Infoaustausch, gemeinsames Lernen, Einspringen bei Krankheit …)
- → In welcher Teamphase befindet sich unser Team? (Siehe Konzept der Teamphasen)
- → Wie läuft die Kommunikation? Eher entspannt, eher angespannt, nur zwischen den immer Gleichen, jeder redet mit jedem …?
- → Wie gehen wir mit Fehlern um?
- → Sind Arbeiten fair verteilt? Wie transparent und gerecht ist die Urlaubsplanung organisiert?
- → Gibt es Konflikte? Wie gehen wir mit diesen um?
- → Feiern wir unsere Erfolge?
- → Gibt es auch gemeinsame Aktivitäten, die nicht unmittelbar die Arbeit betreffen?
- → Wie gehen wir mit Unterschieden im Team um? Frauen vs. Männer, Jung vs. Alt, unterschiedliche Herkunftsländer, unterschiedliche Geschlechteridentitäten …?
- → Wie läuft die Zusammenarbeit mit unseren Schnittstellen? Sind wir in kollegialem Austausch, haben wir ein gemeinsames Verständnis unserer Aufgaben oder stehen wir eher in Konkurrenz zueinander?
- → Wie lebe ich meine Führungsrolle? Habe ich ein Führungsleitbild verfasst?
- → Welchen Führungsstil bevorzuge ich? Wie lebe ich Anerkennung, Vertrauen und Wertschätzung? Wie gebe ich kritisches Feedback?

Resümee

- → Welche Erkenntnisse ergeben sich aus der Analyse? Werden Handlungsfelder sichtbar?
- → Wenn es viele sind: Wie priorisiere ich die notwendigen Entwicklungsschritte?

→ Woher kann ich Unterstützung bekommen? Mit wem muss ich Vereinbarungen bezüglich der Ziele, der Zeitressourcen, der Kosten treffen?

Die Auseinandersetzung mit der Frage, was jede und jeder braucht, um sich in der gemeinsamen Arbeit wohlzufühlen, welche Mindeststandards im Umgang miteinander erwünscht sind, trägt zum besseren Miteinander bei. Die folgende Aufgabe „Teamregeln entwickeln“ dient dazu, erwünschtes Verhalten gemeinsam zu benennen. Regeln sind keine Garantie für Verhaltensänderung, machen sie aber wahrscheinlicher und Verstöße dagegen können leichter besprochen werden. Einsatzmöglichkeiten:

→ bei Neugründung oder Vergrößerung von Teams
→ bei Konflikten in Teams
→ in der Ziel- und Visionsarbeit

Der geeignete Rahmen dafür ist nach unserer Erfahrung eine Teamklausur an einem externen Ort.

ARBEITSBLATT

Teamregeln entwickeln

Erster Schritt

Die gewählten Fragen werden je nach Teamgröße in Dreier- oder Vierergruppen erörtert. Zeitbudget: 30 Minuten. Jede Gruppe bestimmt einen Schriftführer.

Mögliche Fragestellungen:

→ Wenn wir uns im Team alle an folgende Regeln halten, dann werden wir eine entscheidende Verbesserung unserer Zusammenarbeit bemerken:
→ Nehmen wir einmal an, unser Team hat sich im letzten Jahr ideal entwickelt. Welche Regeln und Leitlinien haben uns dabei unterstützt, unsere Ziele in der Zusammenarbeit zu erreichen?
→ Was sind in euren Augen die vier wichtigsten Regeln für den Umgang untereinander im Teamalltag?
→ Wie muss sich jemand konkret verhalten, dass eine Regel als eingehalten gilt? Bitte formuliert dazu konkrete, beobachtbare Verhaltensweisen (Verhaltensanker)!

Zweiter Schritt

Danach werden die Ergebnisse der Kleingruppenarbeit gesammelt. Dabei ist Moderation wichtig, um alle Ergebnisse zu berücksichtigen und doch eine Verdichtung auf gemeinsame Punkte herauszuarbeiten.

Unserer Erfahrung nach gibt es immer einige Regeln, die in etwas abweichenden Formulierungen bei allen Gruppen vorkommen. Für diese Regeln wird nun eine Formulierung gesucht, mit der alle einverstanden sind.

Die Regeln werden für alle sichtbar auf einem Plakat festgehalten und um den Verhaltensanker ergänzt. Das ist vor allem beim Wunsch nach Wertschätzung, Toleranz o.Ä. wichtig, weil diese Schlagworte für jeden anders repräsentiert sein können. Da ist die Frage erhellend: „Was muss ich konkret tun, damit du dich von mir wertgeschätzt fühlst?“ Oder: „Woran genau würdest du erkennen, dass ich tolerant bin?“

Wenn alle Kleingruppen alle vorgeschlagenen Regeln ausgesprochen haben und alle auf dem Plakat festgehalten sind, wird noch einmal gemeinsam überprüft, ob die Formulierung eindeutig ist, die Verhaltensanker nachvollziehbar und die Regeln in ihrer Anzahl überschaubar sind. Meistens werden sich nach der Verdichtung nicht mehr als höchstens zehn Regeln ergeben. Wenn es mehr sind, kann sich noch die Frage der Priorisierung stellen.

Für diesen Schritt ist ein Zeitrahmen je nach Gruppengröße von 45 bis 60 Minuten einzuplanen.

Dritter Schritt

Im dritten Schritt geht es um Vereinbarungstreue und Commitment. Dazu wird die Letztfassung der Regeln noch einmal laut vorgelesen und dann jede und jeder Einzelne gefragt, ob die Zustimmung gegeben ist. In manchen Teams wird im Anschluss an die Teamklausur die Letztfassung der Regeln auch noch unterschrieben und im Alltag sichtbar gemacht (Bildschirmschoner, Plakat im Sozialraum …).

Damit ist eine gemeinsam erstellte Absichtserklärung entstanden, deren Einhaltung von Zeit zu Zeit in Teambesprechungen reflektiert und ergänzt werden kann oder nach hoher Fluktuation im Team auch wieder neu verfasst werden muss. Die Wirkung entfacht dieses Regelwerk hauptsächlich dadurch, dass es in einem gemeinsamen Nachdenkprozess kreiert wurde und damit die Themen, die vorher meist nur in Vorwürfen ausgesprochen wurden, nun in Wünschen und Zielvorstellungen formuliert sind. (Siehe Konzept der Gewaltfreien Kommunikation in Kapitel 3.5.3.)

4.8. Gemeinsam das Erleben von Sinnhaftigkeit stärken

Erleben von Sinnhaftigkeit ist ein starker Faktor für Gesundheit und eine Quelle für das Erleben von Glück, sowohl im Privatleben als auch in der Arbeit (siehe im Kapitel „Gesundheit im Betrieb", Kohärenzsinn, Abb. 3). Auch für das Entstehen von intrinsischer Motivation ist Sinnerleben eine unabdingbare Voraussetzung.

Wenn der Teamsegen schiefhängt, weil sich die allgemeine Aufmerksamkeit auf momentane Ärgernisse fokussiert, (interne Veränderungen, über die man sich nicht genügend informiert fühlt, gesellschaftliche Entwicklungen, die sich auf das Kundensystem auswirken und denen man sich hilflos ausgesetzt fühlt, personelle Änderungen im Team, ...) ist die Leistungsfähigkeit des Teams eingeschränkt. Dann kann die Besinnung auf das, was in der Arbeit Erfüllung und Sinnerleben bringt, die Stimmung ins Positive wenden.

Ist der Prozess der Fokussierung auf ein Thema, dessen Lösung nicht in unserer Hand liegt und das uns dennoch in der Arbeit als Rahmenbedingung begleiten wird, noch am Anfang, dann kann sehr gut auch eine Teambesprechung, die die Führungskraft selbst moderiert, wieder zu Entspannung führen. An diesem Punkt sei an das Format „Modell der Einflussbereiche" erinnert, das bei durch das Team unabänderlichen Thematiken im ersten Schritt zu Akzeptanz und Verständnis der Situation führen kann (siehe Kapitel 3.3.)

Herrscht in einem Team über einen längeren Zeitraum ein hohes Maß an Problemfokussierung und sind die Auswirkungen auf die Arbeitszufriedenheit deutlich wahrnehmbar (schlechte Stimmung, Klagen und Jammern, geringe Lösungsorientierung, wenig kreative Ideen), schlagen wir die Anwendung des Formats „Gemeinsames Stärken der Sinnhaftigkeit" vor. Nach unserer Erfahrung empfehlen wir dieses Thema in räumlicher Distanz zum Arbeitsplatz und im Rahmen eines Teamtags oder einer Klausur zu bearbeiten.

Neige ich als Führungskraft dazu, die allgemeine Problemsicht zu teilen und in den Klagechor einzustimmen, empfehlen wir externe Begleitung. Denn auch hier gilt: Habe ich als Führungskraft zu lange zugeschaut und nicht gehandelt, bin ich Teil des Problems und kann die Lösung nicht selbst begleiten.

Wir haben in unserer Arbeit oft erfahren, wie eine angespannte, niedergeschlagene Stimmung in Führungs- und Mitarbeiterteams, die aus der Ohnmacht gegenüber unveränderlichen Rahmenbedingungen resultierte, nach der Beschäftigung mit den Fragen zu Sinnhaftigkeit plötzlich wieder in Zuversicht umgeschlagen hat.

Als positive Nebeneffekte haben sich damit auch ein umfassenderes Wissen übereinander, Einblick in das Denken der einzelnen Teammitglieder oder das Benennen gemeinsamer Motivatoren ergeben – alles wichtige Faktoren, um die Beziehungen und den Zusammenhalt, die Identifikation im Team zu stärken. Untersuchungen zeigen etwa, dass Sinnerleben und gute Stimmung im Team für Angehörige der Generation Y bedeutsamer sind als Arbeitsplatzsicherheit und Karrieremöglichkeiten.

Gerade in Zeiten, in denen jede Organisation bemüht ist, Mitarbeiterinnen und Mitarbeiter zu binden, kann eine Führungskraft mit diesem Format dazu beigetragen, dass ihr Team, ihre Organisation als attraktiver Arbeitgeber wahrgenommen wird.

ARBEITSBLATT

Gemeinsam das Erleben von Sinnhaftigkeit stärken

Erster Schritt

Um die aktuelle Teamsituation zu reflektieren, nehmen Sie das Modell der Einflussbereiche zu Hilfe Identifizieren Sie damit die Handlungsspielräume des Teams.

- → Worauf haben wir im Team Zugriff, welche Themen sind durch uns aktiv gestaltbar?
- → Was ist verhandelbar? Mit wem?
- → Was müssen wir im Tam als momentane Rahmenbedingung akzeptieren? (Akzeptanz bedeutet nicht Zustimmung!)

Zweiter Schritt

Im zweiten Schritt ist die Besinnung auf das, was die Teammitglieder im Arbeitsalltag den Sinn ihrer Arbeit, Freude und Erfüllung erleben lässt, im Fokus. In Zweiergesprächen mit immer wechselnden Gesprächspartnern wird folgenden Fragen im gegenseitigen Interview nachgegangen. Dabei kann es für die Beziehungspflege im Team sehr förderlich sein, dazu aufzufordern, Kolleginnen und Kollegen zu wählen, mit denen man schon länger nicht unter vier Augen gesprochen hat.

- → In welchen Situationen in der Arbeit spüre ich: Da bin ich genau auf dem richtigen Platz!
- → Gibt es Momente, bestimmte Situationen in der Arbeit, die mich glücklich/froh machen? Welche Momente sind das?
- → Welche Werte beherzige ich in der Arbeit immer? Was sind meine Leitgedanken, Leitwerte in der Arbeit?
- → Bei welchen Erlebnissen in den letzten Wochen konnte ich Erfüllung spüren? (Es gelten auch kleine Begebenheiten, kurze Begegnungen!)
- → Was muss vorhanden sein oder passieren, dass ich am Ende eines Arbeitstages zufrieden heimgehe?

Dritter Schritt

Je nach Größe des Teams werden die Erkenntnisse der Zweiergespräche reflektiert. Bei bis zu acht Personen kann die Reflexion im Gesamtteam erfolgen. Ist das Team größer, sollte der Austausch zunächst in Vierergruppen stattfinden und im Anschluss ein Teammitglied die Zusammenfassung präsentieren.

Wichtig aus unserer Erfahrung ist es, die tragenden Werte auch schriftlich auf einem Plakat sichtbar zu machen und eine Zeitlang an einem Platz wie z.B. dem Sozialraum einsehbar zu lassen.

Gibt es aus den Erkenntnissen etwas, das wir im Alltag mehr beachten können, Anpassungen, die in unserer Macht als Team liegen? Dann fließen diese Punkte in ein Arbeitsprogramm ein, in dem die Zuständigkeit und der Umsetzungshorizont definiert sind.

Kapitel 5:

Gesunde Gespräche: Durchführung und Praxis

5.1. Das Mitarbeitergespräch

Das wichtigste Werkzeug für Führungskräfte ist das Gespräch. Einerseits als Kommunikationsmittel, das auf Klima und Kultur im Unternehmen wirkt, das wechselseitige Erwartungen und Wünsche klären kann, andererseits als Möglichkeit, Feedback auszudrücken. Dass Feedback einen wesentlichen Treiber für menschliches Verhalten darstellt, dass es hilft, unerwünschtes Verhalten zu korrigieren und erwünschtes Verhalten zu fördern, wissen wir aus den Forschungen der Lernpsychologen und vielen eigenen Lernerfahrungen. Wenn Führung darauf abzielt, Verhalten von Beschäftigten in Hinblick auf die Zielerreichung wahrscheinlicher zu machen, ist Feedback absolut notwendig. In den meisten Firmen passiert dies instrumentalisiert in Form von periodischen, also jährlich durchgeführten Mitarbeitergesprächen, die es bereits seit den 1970er-Jahren gibt. Wir haben die Erfahrung gemacht, dass dieses an sich wertvolle Instrument etwas in die Jahre gekommen ist bzw. das Potenzial dieses Instruments oft nicht erkannt oder nicht ausgeschöpft wird. Sätze wie „Diese lästige Pflichtübung kostet mich Tage meiner produktiven Arbeitszeit“, „Ich rede ohnehin jeden Tag mit meinen Leuten“, „Der organisatorische Aufwand ist lästig“ bekommen wir immer wieder zu hören. Auch dass das Mitarbeitergespräch oft auf ein bloßes Zielvereinbarungsgespräch oder besser „Zielübermittlungsgespräch“ reduziert wird, ist mit ein Grund, dass die Akzeptanz enden wollend ist. Mit unserem Modell der gesunden Gespräche versuchen wir dem zwar etablierten, aber etwas angegrauten Personalentwicklungsinstrument neues Leben einzuhauchen. Viele Führungskräfte, die unsere Lehrgänge absolviert haben, die von uns gecoacht wurden, wenden unser Modell bereits erfolgreich an.

5.1.1. Vorteile und Nutzen der Gesunden Gespräche

Mitarbeiterinnen und Mitarbeiter werden zielgerichtet bei der Bewältigung ihrer Aufgaben unterstützt. Sie erhalten entsprechend der Einschätzung eine Rückmeldung über ihre Stärken bzw. Defizite und Entwicklungsbereiche. Positives Feedback in Form von Anerkennung fördert Arbeitszufriedenheit und damit Gesundheit. Feedback in Form von Kritik unterstützt Mitarbeiter in der Entwicklung von Kompetenzen, die für eine positive Bewältigung der Aufgaben (Voraussetzung für Stressbewältigung) notwendig sind. Das Mitarbeitergespräch kann auch dazu dienen, Störungen im sogenannten Psychologischen Arbeitsvertrag zu beheben. Klare Vereinbarungen führen zu Verbindlichkeit und Nachhaltigkeit.

Führungskräfte erhalten mit dem Modell des Gesunden Führens ein Instrument für den Führungsalltag. Sie können unabhängig von ihrem Führungsverständnis und ihrer Persönlichkeit auf jene Interventionen zurückgreifen, die die Leistungsfähigkeit und Gesundheit von Beschäftigten langfristig fördern. Der Gesprächstyp „Anerkennungsgespräch“ ermöglicht einen positiven Blick auf die oft defizitorientierte Führungsarbeit. (Die meiste Aufmerksamkeit richtet sich oft auf wenige Mitarbeiter, deren Leistung nicht entspricht.) Dies fördert die Zufriedenheit der Führungskräfte und ist somit ein wichtiger Faktor für deren psychosoziales Wohlbefinden. Die Gesunden

Gespräche und die daraus resultierenden Vereinbarungen strukturieren die Führungsarbeit langfristig und nachhaltig. Dadurch verschiebt sich der Stellenwert der Führungsarbeit vom „Vorarbeiter-Verständnis" hin zu „echter" Führungsarbeit.

Gesunde Gespräche sind ein wesentlicher Beitrag zur Förderung des Sozialkapitals einer ***Organisation***. Dieses Modell geht von der Grundannahme aus, dass Zielerreichung und Leistungserbringung Gesundheitsfaktoren sind. Durch die Fördergespräche werden Einschulung und Wissensmanagement strukturiert. Durch die sogenannten „Anerkennungsgespräche" erhält die Organisation konstruktive Rückmeldungen und Verbesserungsvorschläge von den motivierten Leistungsträgern. Die „Arbeitsbewältigungsgespräche" unterstützen die Organisation dabei, die Leistungsfähigkeit der Mitarbeiter langfristig zu fördern bzw. zu erhalten. In Anbetracht der demografischen Entwicklung gewinnt diese Frage immer mehr an Bedeutung. Gesundes Führen hebt die Qualität von Gesundheitsprojekten. Führung ist für Mitarbeiterzufriedenheit (und damit Gesundheit!) zentral. Folgende Grundannahmen sind für uns in diesem Zusammenhang wichtig:

- Das periodische Mitarbeitergespräch kann tägliche Kommunikation, Wertschätzung und Anerkennung nicht ersetzen. Täglicher Kontakt ersetzt nicht die konzentrierte Reflexion über den Zeitraum eines Jahres.
- Menschen lassen sich nicht einwandfrei einem Schema zuordnen. Die vorbereitende Einschätzung der Mitarbeiter dient der Hypothesenbildung und hilft, eigene Annahmen und Vorurteile zu reflektieren.
- Gesundes Führen heißt nicht nur, Anerkennung und Wertschätzung auszusprechen. Es kann auch bedeuten, Leistung einzufordern. Mangelnde Leistungserbringung wirkt sich negativ auf Arbeitszufriedenheit, Wohlbefinden und damit auf die Gesundheit aus.

5.2. Die Können/Wollen-Matrix: Einschätzung der Arbeitsleistung

Juhani Ilmarinen beschreibt in seinem Modell „Haus der Arbeitsfähigkeit" die notwendigen Voraussetzungen für die Leistungserbringung. Das Produkt aus Leistungsfähigkeit und Leistungsbereitschaft, also aus Können und

Wollen, bildet die individuelle Voraussetzung für die Leistungserbringung. Dazu kommt noch die Möglichkeit, die Leistung auch erbringen zu dürfen.

Können

Können bzw. Kompetenzen beschreiben die für eine klar definierte Aufgabe oder für die Lösung von Problemen notwendigen Fähigkeiten und Fertigkeiten. In der Personalentwicklung werden unterschiedliche Kompetenzen unterschieden:

- Fachkompetenz
- Methodenkompetenz
- Feldkompetenz
- Persönliche Kompetenz
- Gesundheit (verstanden als funktionale Kapazität)

Wollen

Für die Leistungsbereitschaft („Wollen") spielt der sogenannte Psychologische Arbeitsvertrag eine zentrale Rolle. Wir gehen davon aus, dass ein aufrechter, positiv formulierter Psychologischer Arbeitsvertrag ein wichtiger Treiber für Engagement und Arbeitszufriedenheit ist.

Wenn im Zuge einer massiven Veränderung (strategische Neuausrichtung, neue Produkte) das vorhandene, über Jahre gut eingesetzte Potenzial plötzlich nicht mehr gebraucht wird, oder wenn leistungsfähige und hoch motivierte Mitarbeiter keine Möglichkeit bekommen, ihre Potenziale zu leben (zum Beispiel, weil die Führungskraft nichts delegiert, weil attraktive Projekte oft nach Sympathie oder mikropolitischem Kalkül vergeben werden oder weil Mitarbeiter schlichtweg falsch eingesetzt werden), ist die Leistungsfähigkeit natürlich auch beeinträchtigt. Dies liegt dann allerdings an den Rahmenbedingungen, nicht an individuellen Defiziten.

Auf eine einfache Formel gebracht:

Leistung = Können × Wollen × Dürfen

Bevor man die Leistung von Mitarbeitern einschätzen kann, ist eine exakte Beschreibung des Arbeitsplatzes und der damit verbundenen Aufgaben notwendig. Diese beinhaltet die Erwartungen des Arbeitgebers an den Mitarbeiter.

Sind diese nicht im Vorfeld klar kommuniziert, können etwaige Defizite in der Leistungserbringung auch durch ein „Versehen" verursacht werden. In unserer Praxis stoßen wir immer wieder auf Fälle, wo Mitarbeiter bei Kritik die Rückmeldung geben: „Das hat mir aber keiner gesagt! Das höre ich jetzt aber zum ersten Mal, dass das bei uns so gemacht wird." Bei der Herangehensweise an das Mitarbeitergespräch sollte dies natürlich berücksichtigt werden.

Sind Arbeitsplatz und Aufgaben klar definiert, müssen die dafür notwendigen Kompetenzen zugeordnet werden. Wichtig dabei: Die Aufgaben sollten nicht a priori an die Bedürfnisse der Mitarbeiter angepasst werden, vielmehr sollte die Frage im Vordergrund stehen, welche Kompetenzen die Stelle erfordert. (Natürlich sind persönliche Neigungen und Interessen zu berücksichtigen, aber innerhalb des vereinbarten Rahmens.) Übertragen auf unser Bildungssystem: Weil sich die Lehrkraft für Fußball interessiert, eventuell sogar die örtliche Jugendmannschaft trainiert, besteht der Turnunterricht (meist bei Knaben) ausschließlich aus Fußballtraining, obwohl dies nicht dem Lernzielkatalog entspricht.

5.3. Durchführung der Gesunden Gespräche

In diesem Abschnitt wenden wir uns in direkter Anrede an Sie! Lassen Sie sich von uns in der praktischen Anwendung des Führungskonzepts „Gesund Führen" mit einer Schritt-für-Schritt-Anleitung begleiten. Die dahinterliegenden theoretischen Konzepte werden Ihnen nur noch in Form von Querverweisen begegnen, in diesem Teil steht die Praxis im Vordergrund.

In diesem Abschnitt wollen wir unsere langjährigen Erfahrungen in der Begleitung von Führungskräften, Teams und Organisationen für Sie aufbereiten. Im praktischen Tun gehen wir vom Menschen aus, anders als in den Kapiteln zuvor, die sich verstärkt den theoretischen Hintergründen gewidmet haben. Daher wählen wir hier zum einen die direkte Anrede und zum anderen die weibliche und männliche Form.

Bei der Einschätzung der eigenen Mitarbeiter fließt viel Unbewusstes in die Bewertung ein (siehe Kapitel 1.2.1.). Einschätzung und Bewertung von Menschen ist ein höchst subjektiver Prozess, der, bleibt er unreflektiert, oft mehr über den Beobachter als über den Beobachteten aussagt.

Die folgenden Checklisten sollen Sie dabei unterstützen, den beobachtenden Blick weit zu halten und damit der Subjektivität ein wenig zu entkommen. In der Beratung ist dieses Vorgehen übrigens auch als eine Methode der Distanzierung vom eigenen Bewertungsschema beschrieben. Sie können die Checklisten ebenso nutzen, um Ihren üblichen Blick zu reflektieren: Worauf schaue ich automatisch? Was spare ich aus? Welche weißen Flecken entstehen dadurch in meiner Wirklichkeit?

Unsere Annahme ist, dass durch das hier vorgeschlagene Vorgehen mehr Nachvollziehbarkeit und Objektivität in der Einschätzung von Menschen ermöglicht wird. Und vielleicht wird die eine oder andere Erkenntnis für Sie überraschend und erhellend sein.

5.3.1. Bevor Sie auf Ihre Mitarbeiter schauen, reflektieren Sie sich selbst!

Bevor Sie Ihr Augenmerk jedoch auf Ihre Mitarbeiterinnen und Mitarbeiter richten, sollten Sie sich Zeit für Selbstreflexion nehmen. Dies ist nicht nur wichtig, um sich der eigenen Entwicklungsbereiche und Stärken bewusst zu sein, sondern auch, um sich klarzumachen, mit welchem Blick Sie auf Ihre Mitarbeiter schauen, was Sie daher eher verstärkt wahrnehmen und wo sich möglicherweise ein blinder Fleck verbirgt.

Zudem sollten Sie die Dimension „Dürfen" (siehe das „Haus der Arbeitsfähigkeit" in Kapitel 2.4.) genau betrachten: Was ermöglichen Sie als Führungskraft – und was ermöglichen Sie durch Ihr Wissen und Nicht-Wissen und davon abgeleitet Ihr Handeln und Nicht-Handeln NICHT?!

Ein erster Schritt könnte sein, dass Sie die Checkliste für Führungskompetenzen zur Hand nehmen, um zu erkunden, welche Kompetenzen bei Ihnen gut entwickelt sind und an welchen Sie noch arbeiten sollten. Auf diese Weise erhalten Sie Rückmeldung darüber, welche Kompetenzen bei Ihnen so stark ausgeprägt sind, dass Sie von der Umwelt vorrangig wahrgenommen werden. Natürlich ist die Grundprägung, die Sie da entdecken können, kein „Urteil", dem Sie nicht entkommen können, sondern eine Verhaltensdisposition, die mit Stärken und Schwächen verbunden ist. Denken Sie an die Metapher vom engen Tal im ersten Kapitel!

Unser Zugang in der Begleitung von persönlichen Lernprozessen ist am besten mit dem Satz zusammengefasst: Leben Sie Ihre Stärken bewusst und entwickeln Sie sich dort, wo Ihnen Ihre Schwächen deutlich werden! Das können Sie auch tun, indem Sie verstärkt mit Menschen zusammenarbeiten, die genau das gut können, was bei Ihnen weniger ausgeprägt ist. Diesen Menschen sind Sie bisher möglicherweise eher ausgewichen oder haben Sie insgeheim kritisiert. Achten Sie darauf, wie anders manche Herangehensweisen an bestimmte Situationen sind, und führen Sie sich deren Vorteile vor Augen.

Es wird, vor allem in sehr stressigen Zeiten, dennoch so sein, dass das neu gelernte Verhalten nicht verfügbar ist, sondern dass Sie in altbekannte Muster zurückfallen. Fast so, als wären Sie von einem Autopiloten gesteuert. Das ist in der Stressphysiologie begründet und wird dann seltener werden, wenn Sie sich in diesem beobachteten Umfeld grundsätzlich sicherer fühlen.

Machen Sie sich bewusst, dass das Führen einer Organisationseinheit und die Bearbeitung von Fachaufgaben, so diese nicht die Steuerung betreffen, zwei verschiedene berufliche Rollen sind. Legen Sie Ihren Fokus auf die Führungsrolle! Verdeutlichen Sie sich, dass Sie für das Steuern der Prozesse verantwortlich sind und dazu sowohl Zielklarheit, Zielplanung und Ergebniskontrolle gehören als auch die Organisation der notwendigen Sach- und Humanressourcen. Um die Humanressourcen, also das Know-how und die sonstigen Qualitäten Ihrer Mitarbeiterinnen und Mitarbeiter gut nutzen zu können, bedarf es kluger Menschenführung. Menschenführung ist so gesehen kein Selbstzweck oder abhängig von Ihrer Einschätzung, ob Sie „das“ gerne oder gar nicht gerne tun, sondern unverzichtbare Führungsaufgabe!

Und auch das reicht nicht! In Zeiten, in denen Prozesse analysiert werden, um sie effizienter, mit weniger Ressourcen abwickeln zu können, muss parallel zur Führung der einzelnen Mitarbeiter auch die bestmögliche Nutzung des Teams gewährleistet werden.

Doch nun zu Ihnen: Nehmen Sie die Liste zur Einschätzung Ihrer Mitarbeiterinnen und Mitarbeiter zur Hand und gehen Sie die Liste „Können“ durch! Fragen Sie sich kritisch, wie viel Fachwissen Sie in Ihrem Alltag tatsächlich benötigen, um Ihre Aufgaben gut bewältigen zu können. An diesem

Punkt wird es einen großen Unterschied machen, auf welcher Hierarchiestufe Sie angesiedelt sind. Als Faustregel kann gelten: Je höher in der Hierarchie, umso mehr Steuerungs- bzw. Management-Know-how, je näher an der Basis, umso mehr Fachwissen wird vonnöten sein. Über Menschenführung sollten Sie als Führungskraft in jedem Fall Bescheid wissen.

Wenn Sie alle Dimensionen von „Können" für sich durchgedacht haben, legen Sie Ihr Augenmerk darauf, welche Fähigkeiten eine Führungsposition zusätzlich erfordert. Eine Auswahl finden Sie in der „Checkliste ‚Können' für Führungskräfte".

CHECKLISTE

„Können" für Führungskräfte

Managementkompetenz

- → Strategisches Denken; langfristige Perspektiven vor dem Hintergrund der Entwicklung der relevanten Umwelten entwerfen (Vision)
- → Strategische Ziele definieren und wissen, wie sie erreicht werden können
- → Wirkungsziele und deren Indikatoren definieren

Methodenkompetenz

- → Besprechungen moderieren und die wesentlichen Ergebnisse in eine weitere Bearbeitung bringen
- → Teamdynamik durchschauen und Methoden für deren Steuerung kennen
- → Problemlösungsmethoden für den Einsatz in Teams kennen und situationsbezogen anwenden
- → Im Konfliktfall zwischen den Parteien vermitteln und einen Mediationsleitfaden anwenden. Die Grenzen der Konfliktregelung durch die Führungskraft einschätzen
- → Gespräche führen und situationsbezogen Gesprächsleitfäden folgen
- → Planungsinstrumente für Personaleinsatz und Aufgabenverteilung kennen und anwenden
- → Aufgaben bis zum Ergebnis delegieren
- → Zeit- und Selbstmanagement. In der Fülle der Aufgaben Prioritäten setzen, Erholungsphasen einbauen, aufgabenbezogene, realistische Zeitplanung
- → ...

Soziale Kompetenzen

- Fähigkeit zur Empathie. Sich in die Situation und die Gefühle eines anderen Menschen einfühlen und aus dem daraus gewonnenen Verständnis heraus kommunizieren
- Konfliktfähigkeit. Sowohl das Ansprechen konfliktträchtiger Themen als auch das Aushalten von und den konstruktiven Umgang mit auftretenden Konflikten
- Kontaktfähigkeit. Auf jemanden zugehen und in Beziehung treten
- Kommunikationsfähigkeit. Zum Ausdruck bringen, was besprochen werden muss, und die dafür relevanten Partner identifizieren. Über die sprachliche Ausdrucksfähigkeit verfügen, um zu beruhigen, zu vermitteln, Verständnis zu zeigen und Wertschätzung zu geben
- Teamfähigkeit. Sowohl in der Steuerung der Dynamik des geführten Teams als auch in der Rolle eines Mitglieds des Führungsteams
- Netzwerke aufbauen und pflegen, Geben und Nehmen in Beziehungen ausgeglichen gestalten
- ...

Persönliche Kompetenzen

- Menschenliebe. Das Interesse an den vielgestaltigen Handlungs- und Reaktionsweisen von Menschen
- Humor. In den eigenen und fremden Fehlern die Situationskomik wahrnehmen und bei aller Ernsthaftigkeit in der Lösungssuche das Schmunzeln nicht vergessen
- Lösungsorientierung, Denken in Lösungen contra Problemorientierung und Hadern mit Unabänderlichem
- Commitment, Handschlagqualität. Vereinbarungen einhalten, Verlässlichkeit üben
- Entscheidungen treffen und nachvollziehbar machen
- Mut. Notwendige Ressourcen verhandeln, unverständliche Entscheidungen infrage stellen, Grenzen ziehen, Unangenehmes ansprechen
- Vertrauen in die Fähigkeiten anderer und eine positive Grundhaltung leben
- Vorbildfunktion. Keine Privilegien, die man nicht auch anderen zugestehen könnte, kein Verhalten, das man anderen verwehrt
- Fairness und Gerechtigkeit
- Gutes Benehmen! Schlechtes Benehmen geht ins Gedächtnis der Organisation ein und bleibt an der Führungskraft als Makel haften!
- ...

Körperliche und psychische Gesundheit

→ Körperliche Gesundheit. Führung braucht Präsenz, vor allem in Krisen und Zeiten der Veränderung
→ Psychische Belastbarkeit, Stressresistenz
→ ...

Aufgrund unserer langjährigen Praxis in der Begleitung von Führungskräften wagen wir zu behaupten, dass es nur zwei Faktoren gibt, die so stark mit stabilen Verhaltenstendenzen verbunden sind, dass bei geringer Ausprägung ein nachträgliches Training wenig erfolgversprechend ist, die aber unbedingte Führungsfähigkeiten darstellen: Liebe zu und Interesse an Menschen zum einen und lösungsorientiertes Denken zum anderen. Diese Grundvoraussetzungen sollten gegeben sein! Wenn Sie in Ihrer Betrachtung zum Schluss kommen, dass Sie sich von Menschen grundsätzlich eher genervt fühlen, und Sie zugleich bei sich selbst die Neigung wahrnehmen, vorrangig Hindernisse und Schwierigkeiten zu sehen, und Probleme Sie leicht mutlos werden lassen, statt Sie zu befeuern, sollten Sie sich die Frage stellen, ob Sie nicht größere berufliche Erfüllung in einer fachspezifischen Rolle, etwa der eines Experten, finden. Die Menschenführung könnte sich nämlich allzu oft als schwere Bürde anfühlen!

Noch eine Anmerkung zu den gesundheitlichen Kompetenzen: Führung benötigt Präsenz, vor allem auch in Zeiten von Veränderung und in Krisen. Bei einer länger dauernden, schweren körperlichen Erkrankung oder häufigen krankheitsbedingten Abwesenheiten sollte hinterfragt werden, ob eine ausreichende Präsenz für die Aufgabe gegeben ist. Jedenfalls braucht es ein gut abgestimmtes Führungskonzept zwischen Führungskraft und Vertretung, um häufige Abwesenheiten zu kompensieren. Hat eine Führungskraft noch zusätzlichen Druck aufgrund einer besonderen Lebens- oder Arbeitssituation auszuhalten, sei die Begleitung mittels Coachings empfohlen.

Alle anderen der oben genannten Fähigkeiten sind durchaus erlernbar. Zuallererst die Selbstreflexion! Diese kann durch eine Mentorin, eine andere Führungskraft, die Sie als Vorbild sehen, eine Führungskollegin oder einen externen Coach ein kritisch unterstützendes Gegenüber erfahren. Zusätzlich sollten Sie sich ermuntert fühlen, Ihre Führungskollegen als Teamkollegen zu sehen, mit denen nicht nur Sachfragen erörtert werden, sondern die zu einer vertrauten kollegialen Beratungsgruppe für Führungsfragen werden können. In manchen Organisationen mag die Kultur dafür schon gewachsen sein, in anderen muss vielleicht noch der Grundstein gelegt werden. Führung zum gemeinsamen Thema in Organisationen zu machen, wird sich aber immer lohnen!

Soweit ein Überblick über „Führungs-Fachkompetenzen" – Kompetenzen also, die Führungskräfte sozusagen als Zusatzkompetenz haben sollten, um die komplexen Aufgaben rund ums Steuern und Führen bewältigen zu können.

Die Liste der notwendigen Führungsfähigkeiten ist sicher nicht vollständig! Fühlen Sie sich durchaus aufgefordert, weiterzudenken. Eine solche Reflexion bietet eine gute Grundlage, Ihr persönliches Führungsleitbild zu verfassen.

ARBEITSBLATT

Erstellen eines Führungsleitbilds

Lassen Sie vor Ihrem inneren Auge Ihre Ausbildungs- und Arbeitszeit ablaufen.

- → Über welche Eigenschaften verfügen von Ihnen geschätzte Vorbilder? Bei welchen Führungspersönlichkeiten haben Sie sich gut aufgehoben gefühlt? Was hat Sie irritiert, reserviert sein lassen?
- → Welche Werte leiten Sie in der Führung? Was sind zentrale Leitsätze Ihrer Führungsarbeit?
- → Was ist Ihnen im Umgang mit Ihren Mitarbeiterinnen und Mitarbeitern besonders wichtig?
- → Wie reagieren Sie in schwierigen Situationen?
- → Woran merken Sie, dass alles passt? Welche Warnsignale gibt es?
- → Wo sehen Sie sich in drei bis fünf Jahren?
- → Worin sehen Sie Ihre Stärken, die Sie und andere unterstützen?
- → Wo sehen Sie Schwächen und Entwicklungsbedarf?
- → Was möchten Sie weiterentwickeln, weglassen, dazulernen, anders machen?

Notieren Sie sich Ihre Antworten! So haben Sie die Möglichkeit, sehr bewusst an Ihren Zielen zu arbeiten, Veränderungen im Umfeld durchzusetzen und notwendige Anpassungen vorzunehmen. Je klarer Ihr Rollenleitbild für Sie selbst ist, umso authentischer werden Sie auf Ihre Umwelt wirken!

Nach dieser Reflexion Ihres „Könnens“ schätzen Sie auch Ihre eigene Motivation, das „Wollen“ in Bezug auf Ihre Führungsaufgabe, ein! Ein Hinweis kann durchaus in dem Ausmaß an Zeit liegen, das Sie sich für Menschenführung nehmen. Wenn Ihnen bewusst ist, wie wichtig es wäre, regelmäßig (Mitarbeiter-)Gespräche zu führen, Sie sich aber dennoch keine Zeit dafür nehmen, sollten Sie sich fragen, was Sie ausweichen lässt.

Wo können Sie für sich selbst in Ihrer Führungsrolle den Punkt im Koordinatensystem des Gesunden Führens setzen?

Falls in Ihrem Unternehmen Formblätter für Mitarbeitergespräche eingeführt sind, können Sie ja diese Einschätzung als Grundlage für ein Feedbackgespräch mit Ihrem Vorgesetzten nehmen, falls nicht, und es auch nicht möglich ist ohne offiziellen Gesprächsstatus zu so einem Gespräch zu kommen, suchen Sie sich eine Mentorin oder einen Coach.

5.3.2. Vorbereitung und Einschätzung

Wenn Sie Führungskraft von mehreren Mitarbeitern, einem Team, sind, so empfehlen wir Ihnen jedenfalls eine Basisvorbereitung für das gesamte Team. Viele Aufgaben, die in Organisationseinheiten zu bewältigen sind, sind so komplex und zudem oft unter großem Ressourcendruck umzusetzen, dass ein gut eingespieltes Team ein entscheidender Erfolgsfaktor ist. Notwendige Entlastung Einzelner etwa braucht das Team, Problemlösungsprozesse zu komplexen Fragestellungen brauchen das Team, Durchhalten in schwierigen Zeiten braucht das Team. Daher lohnt es, alle Ihre Mitarbeiter zuerst in einen Gesamtüberblick zu bringen. Auf diese Weise betrachten Sie nicht nur Einzelteile, sondern können Wirkungszusammenhänge erkennen und Entwicklungsmöglichkeiten aus dem Team heraus sehen. Zudem schaffen Sie damit die Grundlage für ein Konzept, das Sie beim planvollen Steuern und Führen leiten wird. Gibt es künftig Veränderungen in der Organisationseinheit, so müssen Sie das Konzept nur adaptieren und haben damit sehr eingehend die Auswirkungen etwaiger Veränderungen auf den einzelnen Arbeitsplatz vor sich. Außerdem kann eine sorgfältige Analyse eine sehr brauchbare Grundlage für Einschulungspläne für neue Mitarbeiter und Mitarbeiterinnen sein.

Beantworten Sie daher vorab die folgenden Fragen:

Wie viele von der Aufgabenstellung und den Abläufen her unterschiedliche Arbeitsplätze gibt es in der Organisationseinheit, die Sie führen?

Stellen Sie sich nun einen ersten Arbeitsplatztyp vor:

- → Wie würde die Arbeit auf diesem Platz, dieser Stelle bestens funktionieren?
- → Welche Aufgaben, welche Ziele, welche Ergebnisse sollen im Idealfall erreicht werden?

Um das alles tun zu können, braucht der Mitarbeiter bestimmte Voraussetzungen. Machen Sie sich nun deutlich, welche das sind! Wir bieten Ihnen eine Auswahl an Möglichkeiten an und Sie entscheiden, ob und in welcher Ausprägung der angeführte Faktor an diesem Arbeitsplatz relevant ist.

Die Beobachtungsfaktoren sind nach der Logik „Können“ und „Wollen“ gegliedert und sollen als Unterstützung bei Ihrer Einschätzung dienen, allerdings ist das eine offene Liste ohne den Anspruch auf Vollständigkeit. Falls Ihnen weitere oder andere Faktoren deutlich werden, ergänzen Sie die Liste nach Ihrem Bedarf. Machen Sie sich Notizen, sodass daraus eine Beschreibung des Arbeitsplatzes entsteht.“

ARBEITSBLATT

„Können Kompetenzen“

Fachwissen

- → Welche fachlichen Grundlagen sind auf dieser Stelle unverzichtbar?
- → Welches Spezialwissen ist zusätzlich wünschenswert?
- → Welches generelle Wissen ist notwendig, um den Platz gut ausfüllen zu können und das Netzwerk rundum sinnvoll nutzen zu können?
- → Welche EDV-Kenntnisse sind notwendig?

- Braucht es besondere Kenntnisse in Bezug auf die Bedienung besonderer Ausrüstung oder Ausstattung? (Sicherheitsanlage, Erste Hilfe, etc.)
- Welche Fachinhalte sind einer ständigen Wissensentwicklung unterworfen, die es notwendig macht, stetig weiterzulernen, um den Anschluss nicht zu verlieren?

Organisationswissen/Feldkompetenz

- Wie wichtig für die Erfüllung der Aufgaben auf dieser Stelle ist Wissen über die Besonderheiten der Kunden?
- Wie wichtig ist Kennen der und Wissen über die Organisation und die internen und externen Schnittstellen?
- Braucht es Wissen um die relevanten Umwelten?
- Welche Bedeutung hat Erfahrung für die qualitätsvolle Arbeit auf diesem Arbeitsplatz?
- Welche Zugänge und welches Know-how braucht es, um unterstützende Netzwerke aufbauen und für die Aufgabenerfüllung sinnvoll nutzen zu können?
- ...

Methodenkompetenz

- Braucht dieser Platz Anwendungswissen für besondere EDV-Programme, Dokumentations- und/oder Qualitätsprogramme?
- Müssen Standards gekannt und eingehalten werden?
- Wie viel Projektmanagement- und Moderationskompetenz fordert dieser Arbeitsplatz?
- Gibt es spezielle Geräte, Maschinen etc., für die Anwendungs-Know-how notwendig ist?
- ...

Soziale Kompetenzen

- Muss der Mitarbeiter sich oft auf unterschiedliche Menschen einstellen können?
- Verlangt die Arbeit an diesem Platz die Fähigkeit zu klarer und offener Kommunikation? (Ausdrückenkönnen von Anliegen, Fragen, Ideen etc.)
- Müssen immer wieder Konflikte, Interessensgegensätze konstruktiv gelöst, verhandelt werden?
- Wie viel Teamarbeit (gemeinsame Problemlösung, Bearbeitung von gemeinsamen Aufgaben) ist zu leisten?

- Wie notwendig und wichtig ist die Weitergabe von Informationen?
- …

Körperliche und psychische Gesundheit

- Verlangt der Arbeitsplatz den Einsatz körperlicher Kraft?
- Gibt es bestimmte körperliche Anforderungen, z.B. Überkopfarbeit, Hitze aushalten, sitzende Tätigkeit, Computerarbeit etc.?
- Gibt es eine eher gleichmäßige Belastung während eines Arbeitstages oder sind immer wieder Belastungsspitzen zu verkraften?
- Wie ist die Anforderung an die psychische Belastbarkeit einzuschätzen?
- Welche psychischen Belastungen gibt es?
- Gibt es Kunden oder Klienten, deren Betreuung psychisch sehr belastend sein kann?
- Schätzen Sie diesen Arbeitsplatz als eher ruhig oder eher stressig ein?
- Gibt es Nacht- oder Schichtarbeit?

Nun haben Sie sich das Profil eines bestimmten Arbeitsplatzes bewusst gemacht. Möglicherweise trifft dieses Profil auf mehrere Arbeitsplätze in Ihrem Team zu. Falls es weitere Stellenanforderungen gibt, verfahren Sie nach dem gleichen Schema.

Wenn Sie diese Fragen für sich geklärt haben, können Sie sich den Mitarbeiterinnen und Mitarbeitern zuwenden. Auf wen trifft das Stellenprofil zu? Notieren Sie sich die Namen. Schätzen Sie nun jeden einzelnen Mitarbeiter, jede einzelne Mitarbeiterin ein:

Wie sehr werden auf dem von Ihnen beschriebenen Arbeitsplatz die einzelnen Faktoren bzw. Anforderungen, die daraus resultieren, erfüllt?

Machen Sie sich bewusst, welche Beobachtungen Sie bei der Einschätzung leiten, und machen Sie sich stichwortartige Notizen. Diese Notizen sind bereits eine Grundlage für Ihr Feedback.

Ergänzen Sie diese arbeitsplatzbezogenen Faktoren nun noch um Überlegungen zur Persönlichkeit Ihrer Mitarbeiter.

CHECKLISTE

Persönliche Kompetenzen

- → Welche mit der Persönlichkeit verbundenen Stärken zeichnen diesen Menschen aus?
- → Ist er eher ausdauernd, bleibt auch bei langwierigen Aufgaben dran, oder eher sprunghaft, auf der Suche nach ständig neuen Anregungen?
- → Wie schaut es mit Genauigkeit, Sorgfalt aus?
- → Ist der Blick eher auf Details gerichtet oder eher auf das Große und Ganze?
- → Sind eher immer gleiche, vertraute Abläufe beliebt oder steht das Entwerfen neuer Vorgehensweisen im Vordergrund?
- → Gibt es Hinweise darauf, ob der Mitarbeiter sich gut distanzieren kann? Die privaten Sorgen zuhause, die Arbeitssorgen am Arbeitsplatz lassen kann?
- → Wie ist es um eigenverantwortliches, selbstständiges Arbeiten bestellt?
- → Wie schätzen Sie die Loyalität zum Unternehmen, zu den Kollegen, Ihnen gegenüber ein?
- → Schätzen Sie den allgemeinen Gesundheitszustand als eher stabil ein oder gibt es Grunderkrankungen, altersbedingte Einschränkungen, die zu berücksichtigen sind?
- → Was weiß ich über die Lebensbelastung des Mitarbeiters? Gibt es z.B. kranke, zu pflegende Angehörige?

Fassen Sie nun alle Beobachtungen und Bewertungen zum „Können" Ihres Mitarbeiters/Ihrer Mitarbeiterin zusammen und treffen Sie eine Gesamteinschätzung zwischen 1 (sehr geringes Können) und 10 (exzellentes Können). Dabei beachten Sie bitte, dass dieses Ergebnis keinesfalls durch eine simple Berechnung ermittelt werden kann, sondern Sie sich darin üben, aufgrund der Einschätzung der Einzelfaktoren und deren Gewichtung je nach Arbeitsplatz ein Gefühl zu entwickeln, ob die eingeschätzte Person eher über fünf oder unter fünf einzuschätzen ist, der Lernbedarf auch über fünf noch eher umfangreich ist oder ob er in einigen Punkten noch perfektioniert werden könnte. Aus der praktischen Begleitung wissen wir, dass diese Einschätzung, hat man erst einmal die Einzelfaktoren in einen Überblick gebracht, leicht gelingt.

Sie haben damit eine gut begründbare Einschätzung des „Könnens" getroffen, sollten sich dabei aber immer vor Augen halten, dass Sie damit nur eine Ausgangshypothese für ein Gespräch geschaffen haben, aber nicht die „ganze Wahrheit" kennen (siehe „Sichtweisenmodell" in Kapitel 3.2.).

Wenden Sie sich nun der Frage zu, wie ausgeprägt die Motivation, das „Wollen" bei dieser Mitarbeiterin ist. Wir bieten Ihnen wieder einige Beobachtungsfaktoren an und Sie schätzen ab, ob der Faktor relevant und wenn ja, wie ausgeprägt er ist. Notieren Sie wieder stichwortartig Ihre Fakten, Eindrücke und Wahrgenommenes.

ARBEITSBLATT

„Wollen"

→ Wie schätzen Sie Tempo, Grad der Erfüllung und Qualität bei der Bearbeitung von Arbeitszielen ein?
→ Welche Hinweise gibt es auf die Arbeitszufriedenheit des Mitarbeiters? Ist sie in Ihrer Wahrnehmung eher hoch oder eher gering?
→ Gibt es Rückmeldungen über Zufriedenheit mit der Entlohnung?
→ Wie hoch ist die Bereitschaft, an Fortbildungen teilzunehmen?
→ Beteiligt sich die Mitarbeiterin aktiv an Besprechungen (Einbringen von Ideen, Beitrag zu Problemlösungen, Reflexion)?
→ Wie ist das Reaktionsmuster bei Neuerungen und Veränderungen? Wie sind die Faktoren Flexibilität und Interesse an Neuem einzuschätzen?
→ Wie hoch ist die Einsatzbereitschaft, etwa bei außerordentlichen Engpässen, Termindruck etc.?
→ Wie viele ein- bis dreitägige Abwesenheiten, die Ihnen aus dem Gefühl heraus nicht ganz plausibel erschienen, hat es im abgelaufenen Jahr gegeben?

Auch hier ergeben Ihre Notizen jetzt ein differenziertes Bild von der Leistungsbereitschaft, dem „Wollen" Ihres Mitarbeiters, Ihrer Mitarbeiterin, allerdings wieder nur in Form einer Hypothese, um ein erforschendes Gespräch führen zu können.

Schätzen Sie nun auch den Faktor „Wollen" auf einer Skala zwischen 1 und 10 ein. Auch da erinnern Sie sich bitte daran, dass der Mensch keine berechenbare Maschine ist, sondern durch diese Einschätzung ein Gefühl entsteht, ob die Motivation eher über der fünf liegt, eher einen aufrechten Psychologischen Arbeitsvertrag widerspiegelt oder sich das Gefühl verdichtet, dass der Psychologische Arbeitsvertrag gestört oder gar gebrochen ist.

5.3.3. Einschätzung der Person und des Teams

Die beiden Zahlen (Einschätzung von „Können" und „Wollen"), die Sie auf diese Weise erhalten haben, nutzen Sie jetzt als Koordinaten im Schema des Gesunden Führens. Sie werden für die Einschätzung des Mitarbeiters, der Mitarbeiterin einen bestimmten Punkt setzen können, der das Verhältnis von „Können" und „Wollen" darstellt. Sie können das zum Beispiel auf dem Arbeitsblatt „Einschätzungsschema zum Gesunden Führen" tun, das Sie unter http://gesund-fuehren.lindeverlag.at (Benutzer: Supervisor, Passwort: gesund2014) finden.

Wenn Sie unserer Empfehlung gefolgt sind und in der Vorbereitung auf die Gespräche alle Mitglieder ihres Teams in eine Einschätzung gebracht haben und im Schema des Gesunden Führens positioniert haben, dann sollten Sie jetzt das aktuelle Bild mit der Entwicklungstendenz im letzten Jahr/in den letzten zwei Jahren vor sich liegen haben.

Betrachten Sie nun das Gesamtbild. Wie ist Ihr Team derzeit aufgestellt?

Falls Sie das Team schon mehr als ein Jahr leiten, bitten wir Sie, noch einen Einschätzungsschritt zu machen: Gehen Sie in Ihrer Erinnerung ein, zwei Jahre zurück. Wie hätten Sie jede einzelne Person in Ihrem Team damals eingeschätzt? Zeichnen Sie auch dafür einen Punkt und verbinden Sie die beiden Punkte miteinander. So geben Sie Ihrem inneren Eindruck von der Entwicklung eines jeden Mitarbeiters, einer jeden Mitarbeiterin ein konkretes Bild. Wenn Sie mit zwei verschiedenen Farben für Vorher – Derzeit arbeiten, verbessern Sie den Überblick!

Betrachten Sie nun das Ergebnis:

- → Wie viele Mitarbeiter und Mitarbeiterinnen sind in ihrem Können und Wollen stabil gut abgesichert, sind zuverlässige Leistungsträger, die etwaige „Wellenbewegungen" aus dem Umfeld ohne große Leistungsschwankungen abfedern?

- Wie viele sind auf einem guten Weg dorthin, vielleicht noch im Aufbau ihrer Kompetenzen, doch gut in Entwicklung?
- Bei wie vielen zeigt sich eine positive Trendwende, auch wenn der momentane Zustand noch nicht zufriedenstellend ist?
- Bei wie vielen zeigt sich eine negative Trendwende? Ist das bei mehr als einem Drittel der Fall, sollten Sie unbedingt in Selbstreflexion gehen: Was kann mein Anteil an dieser Entwicklung sein (als Führungskraft sind Sie ein wichtiger Umweltfaktor für Ihre Mitarbeiter)?
- Wie viele Mitarbeiter bereiten mir echte Sorgen?
- Gibt es Mitarbeiter, die Aufgaben verstärkt an sich ziehen („Kann gut, will zu viel“)? Falls ja: Wie wirkt sich das auf die Entwicklungsmöglichkeiten der anderen Teammitglieder aus?
- Wie sieht mein persönliches Energiemanagement in Hinblick auf meine Mitarbeiter aus? Wieviel Energie widme ich meinen „Sorgenkindern“, wieviel meinen Leistungsträgern? Entspricht das der tatsächlichen prozentuellen Verteilung?
- Kann ich Wirkungszusammenhänge erkennen? Erklärt sich z.B. manches aus der Teamdynamik, aus Cliquenbildung, Konflikten etc.? Führen Sie sich das Verantwortungsmodell vor Augen: Erklärt sich manches Phänomen aus dieser Dynamik?
- Hat die Entwicklung der Gesamtorganisation Einfluss auf die Entwicklung der Leistungsbereitschaft? Gibt es (tiefgreifende) Veränderungen (siehe „Führen in Zeiten der Veränderung“, Kapitel 4.4.2.)?
- Was sagt das Bild des Teams über mich als Führungskraft aus? Darf ich mir auf die Schulter klopfen und mich freuen, wie viel mir gelungen ist?
- Wo tun sich Entwicklungs- und Lernbedarfe für mich auf? Welche Lernziele setze ich mir dafür?

Ergänzen Sie bitte nun Ihre Notizen um die neuen Erkenntnisse.

5.3.4. Auswahl der Gespräche

Jetzt geht es an die konkrete Auswahl des passenden Gesprächstyps. Im Folgenden schlagen wir Ihnen je nach Ihrer Einschätzung im Schema Gesundes Führen die auf die unterschiedlichen Gegebenheiten zugeschnittenen Gesprächstypen und damit bestimmte Vorgehensweisen vor. Die Grundidee dahinter ist, dass jede Mitarbeiterin aufgrund ihres individuellen Entwicklungsstandes etwas anderes braucht, einen individuellen Zugang verdient, um wirklich Wertschätzung und Unterstützung empfinden zu können.

Folgende Gesprächstypen stehen zur Auswahl (siehe Übersicht in Abbildung 23):

1. „Kann gut! Will gerne!" – das Anerkennungsgespräch
   Sonderform: „Kann gut! Will gerne!" – Tendenz der Leistungsbereitschaft sinkend
2. „Kann gut! Will zu viel!" – das Regulierungsgespräch
3. „Kann gut! Will (derzeit) nicht!" – das Stabilisierungsgespräch
4. „Kann noch nicht! Will gerne!" – das Fördergespräch
5. „Kann nicht mehr! Will gerne!" – das Arbeitsbewältigungsgespräch
6. „Kann nicht! Will nicht!" – das Regulierungsgespräch

1. „Kann gut! Will gerne!" – das Anerkennungsgespräch

→ Anwendung: bei gleichbleibend guter Motivation.
→ Ziel des Gesprächs: gute Leistungsfähigkeit erhalten, den differenzierten Blick als Feedback nutzen

Entspricht der Mitarbeiter dem Typ „Kann gut/Will gerne", so empfehlen wir Ihnen, die Chance für ein ausschließlich detailliertes, wertschätzendes Feedback zu nutzen und Dank und Anerkennung für die Leistung im letzten Jahr auszusprechen. Das passiert laut der Aussage von vielen Führungskräften, mit denen wir arbeiten, ohnehin viel zu selten.

Von diesen Mitarbeitern, die sich ja auch dadurch auszeichnen, dass sie ihre Leistung trotz aller organisationalen und persönlichen Stolpersteine, die sich im Laufe eines Jahres zeigen mögen, erbracht haben, die also die Fähigkeit haben, Schwierigkeiten konstruktiv zu verarbeiten und Lösungen zu kreieren, können Sie jede Menge organisationsrelevanter Hinweise erhalten.

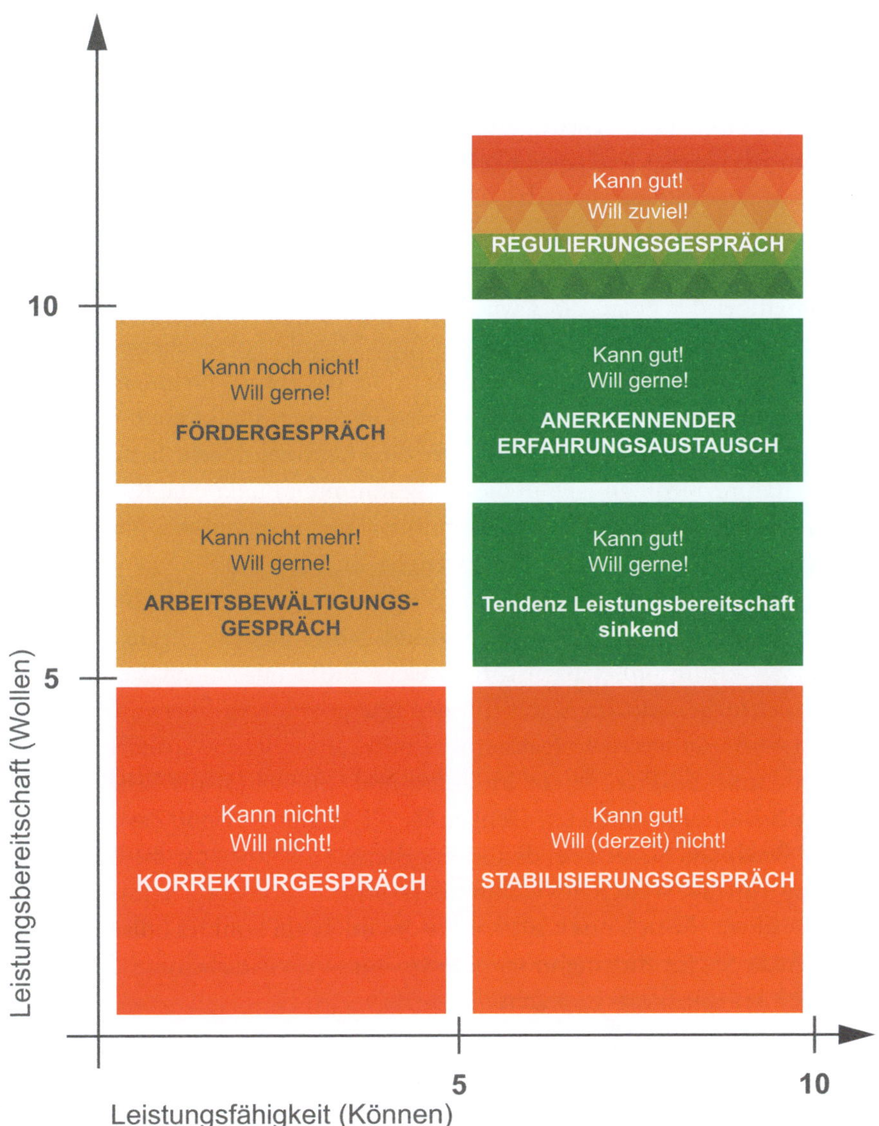

Abb. 24: Gesunde Gespräche, ©Röthel/Sattler-Zisser, 2012

Fordern Sie daher Feedback auch zu Ihrer Führungsarbeit ein, erforschen Sie interessiert, wo dieser Mitarbeiter, diese Mitarbeiterin Verbesserungspotenziale sieht. Der Gesprächsleitfaden „Anerkennungsgespräch“ mag da als Anregung gesehen werden (siehe Anhang).

Heinrich Geißler und seine Kollegen haben mit dem Konzept „Der Anerkennende Erfahrungsaustausch“ (Geißler 2003) ein Instrument geschaffen, das eine Trendwende im Fehlzeitenmanagement eingeleitet hat: nicht auf die Abwesenden fokussieren, sondern von den Gesunden lernen.

Sollten bei der Frage „Was würden Sie als Erstes verändern, wenn Sie in meiner Position wären?“ Anmerkungen und Handlungsvorschläge kommen, die außerhalb Ihrer Macht stehen, klären Sie das sofort! Nehmen Sie es als wichtige Information, dass in Ihrem Team in diesem Punkt nicht einmal für die Engagierten nachvollziehbar ist, wer die Handlungsmacht hat oder auch, welche Rahmenbedingungen in diesem bestimmten Punkt eine Rolle spielen. So wird der Dialog für Sie beide Erkenntnisse und gemeinsames Nachdenken bringen (siehe „Modell der Einflussbereiche“ in Kapitel 3.3.).

Sammeln Sie die Anregungen und Verbesserungsvorschläge all dieser Gespräche, setzen Sie das Machbare um und geben Sie dem Team Rückmeldung, was warum umsetzbar ist, für welche Problemlösungen Sie gerne die Ideen aller nutzen möchten, was mit den übergeordneten Ebenen verhandelt werden wird und was nicht realisierbar ist und aus welchen Gründen. Sie verbessern damit die Transparenz im Team und tun viel für die Erhaltung der Gesundheit Ihrer Mitarbeiter. Denken Sie an Antonovsky und das Kohärenzgefühl! Bedanken Sie sich bei den Ideengebern. So können Sie die Mitverantwortung für die Weiterentwicklung der Organisationseinheit im gesamten Team stärken. Einen Vorschlag, wie Sie das im Team konkret umsetzen können, finden Sie im Anhang unter „Design zur Weiterbearbeitung der Ergebnisse der Anerkennungsgespräche“".

Auf eine Erscheinungsform dieser Gruppe möchten wir genauer hinschauen.

„Kann gut! Will gerne!“ Tendenz der Leistungsbereitschaft sinkend

→ Zusätzliches Ziel zum „Anerkennungsgespräch“: Motivation steigern, eventuell Arbeitsfähigkeit durch individuelle Lösungen erhalten

Haben Sie bei diesem Mitarbeitertypus beobachtet, dass es im letzten Jahr oder den letzten beiden Jahren zu einem deutlichen Rückgang der Motivation gekommen ist, so kann gefolgert werden, dass der Rückgang der Fachlichkeit nicht lange auf sich warten lässt, sodass Potenzialverlust droht.

Machen Sie sich bewusst, dass das ein Mitarbeiter ist, der zu Ihren Leistungsträgern gehört! Aus irgendwelchen Gründen, die Sie nicht kennen, hat das Feuer der Begeisterung nachgelassen. Sie wollen nun erforschen, ob Sie Einfluss auf die Ursache haben, unterstützen können, etwas verändern können oder ob der Auslöser außerhalb Ihres Einflussbereiches liegt, etwa private Sorgen sind.

Sie wollen die vorhandene Motivation stärken oder verhindern, dass diese weiter sinkt. Dazu ist es sowohl notwendig, Ihre Wertschätzung für die erbrachte Leistung auf Basis detaillierter Beobachtungen zu vermitteln, als auch Ihre Sorge über die Entwicklung kund zu tun. Sprechen Sie dieser Person gegenüber aus, was fehlen würde, wenn Sie sie mit ihrem Engagement nicht mehr im Team hätten, seien Sie neugierig und offen für das Feedback, das Sie für Ihre Führungsarbeit bekommen oder das Sie als Vertreter der Organisation bekommen. Seien Sie auch bereit, bei privatem Kummer einfach einfühlsamer Zuhörer zu sein, Adressen und Bedingungen für Beratungsinstitutionen zur Verfügung zu haben, an die Sie guten Gewissens weitervermitteln können (das Informiertsein über solche Stellen und etwaige Unterstützungsmöglichkeiten durch den Betrieb gehört zum Führungs-Know-how)!

Für den Beginn des Gesprächs mag Ihnen der Gesprächstyp „Erkundungsgespräch" hilfreich sein, auch um Ihre Hypothesen noch sorgfältig zu überprüfen. Dann lassen Sie sich auf den Dialog ein. Die Haltung sollte offen, interessiert und konstruktiv sein, hüten Sie sich vor Verteidigung, wenn Kritik kommt, seien Sie neugierig auf die andere Sicht und erklären Sie Ihre Handlungsabsicht im kritisierten Fall. Bauen Sie jedenfalls die Fragen aus dem „Anerkennungsgespräch" in den Dialog ein!

2. „Kann gut! Will zu viel!" – das Regulierungsgespräch

- → Ziel des Gesprächs: Verausgabungsbereitschaft zielgerichtet auf ein gesundes Maß bringen
- → Ziel für den Arbeitseinsatz im Team: mehr Ausgeglichenheit, Steigerung der Fairness durch gleichmäßigere Arbeitsaufteilung

Möglicherweise fordert das Erkennen dieses Typus Sie zu selbstkritischer Betrachtung heraus, denn kurzfristig gedacht ist diese Mitarbeiterin als Joker für alle (Not-)Fälle wunderbar zu gebrauchen und wird üblicherweise aufgrund des geringen Widerstands auch häufig mit Zusatzaufgaben betraut.

Dieser Mitarbeiterinnentypus zeichnet sich durch hohen Ehrgeiz, stets hohe Leistungsbereitschaft aus, weist kein Ansinnen zurück, stellt auch langfristig geplante private Termine zugunsten von hereinschneienden Arbeitsaufträgen zurück, versucht das Unmögliche möglich zu machen, überzieht regelmäßig die Arbeitszeit, lebt für die Aufgabe … Soweit zu den Faktoren, die Sie noch wohlwollend betrachten mögen.

Nun zur Kehrseite der Medaille: Diese Mitarbeiter gleichen sehr oft die fehlende Arbeitsleistung der Kollegen vom Typ „Kann nicht! Will nicht!" aus und sichern so die Gesamtleistung im Team trotz vorhandener Dysbalance. Sie stellen damit aber auch sicher, dass es keinen Grund für „Kann nicht! Will nicht!" gibt, sich zu entwickeln, und ersparen Ihnen als Führungskraft, sich dem mühsamen Thema der Potenzialentwicklung bei „Kann nicht! Will nicht!" zu widmen (siehe „Verantwortungsmodell" in Kapitel 3.4.). Nur, wie lange geht dieses Spiel gut?

Das Verhaltensmuster von „Kann gut! Will zu viel!" ist auf lange Sicht für die Person kraftraubend und ungesund. Die Gefahr, ins Burnout zu schlittern und dem Unternehmen dadurch Potenzial zu entziehen, ist hoch. Ebenso wird das Klima im Team darunter leiden. Mitarbeiterinnen vom genannten Typ werden zwar von den meisten ganz selbstverständlich ausgenutzt, sind im Allgemeinen aber wenig beliebt, weil sie einen bedrohlich hohen Leistungslevel vorgeben.

Was können Sie also mit einem Regulierungsgespräch erreichen? Eine Regulierung des Arbeitseinsatzes, eine zielgerichtete Planung, die hohen Einsatz voraussetzt, aber auch Ruhezeiten zulässt. Weniger Überstunden bei diesem einzelnen Mitarbeiter zugunsten einer gleichmäßigeren Lastenverteilung im Gesamtteam. Das Ziel des Gesprächs ist die Erhaltung von Gesundheit und Leistungsfähigkeit der Mitarbeiterin, um dieses kostbare Potenzial dem Team langfristig zu erhalten.

Zeigen Sie im Gespräch Ihre Wertschätzung für die erbrachte Leistung und die hohe Kompetenz. Bedanken Sie sich für den großen Einsatz, möglicherweise ist auch eine Entschuldigung für das übermäßige Nutzen der Leistungsbereitschaft angebracht. Vermitteln Sie Ihre Besorgnis über die möglichen langfristigen Auswirkungen und versuchen Sie im Dialog zu Vereinbarungen zu kommen, die den Einsatz der Mitarbeiterin auf ein vernünftiges Maß senken.

Da dieser Mitarbeitertyp oft schwierig einzuschätzen ist, bitten wir Sie, noch einmal in Kapitel 3.1.4. „Stressmanagement – Gratifikationskrise – Stresstypus A" nachzulesen. Dort finden Sie weitere Beobachtungskriterien, um Sie im Hinblick auf ein stimmiges Bild abzusichern. Keinesfalls sollte dieser Mitarbeitertyp jedoch mit einer Mitarbeiterin verwechselt werden, die aufgrund ihrer Persönlichkeit über viel Energie verfügt, möglicherweise gerade durch keine privaten Schwierigkeiten von ihrer Arbeit abgelenkt wird, die über ein gutes Zeit- und Selbstmanagement verfügt und die Begabung hat, ihre Talente zielgerichtet einzusetzen. Solche Mitarbeiter sind durchaus in der Lage, mehr zu leisten als andere. Sie unterscheiden sich dadurch von „Kann gut! Will zu viel!", dass sie zielgerichtet Prioritäten setzen, sich abgrenzen können und emotional ausgeglichen wirken, in der Beschreibung also dem Gesundheitstyp aus der AVEM-Typologie entsprechen (siehe „Umgang mit Stress", Kapitel 3.1.). Dieses Verhalten soll sicher nicht verändert werden! Allenfalls können Sie solche Mitarbeiterinnen für notwendige Zusatzaufgaben begeistern, ohne dass dadurch jedoch ein anderer in der Entwicklung zurückfällt (siehe „Verantwortungsmodell", Kapitel 3.4).

Haben Sie aber zweifelsfrei einen Vertreter von „Kann gut! Will zu viel!" identifiziert, kann Ihnen der Gesprächsleitfaden „Regulierungsgespräch" Anregung geben (siehe Anhang).

3. „Kann gut! Will (derzeit) nicht!" – das Stabilisierungsgespräch

→ Ziel des Gesprächs: Erhöhen der Motivation, möglicherweise Erhalten der Arbeitsfähigkeit durch individuelle Lösungen, eventuell Konfliktklärung, Herstellen eines aufrechten Psychologischen Arbeitsvertrags

Im Prinzip gilt vieles, das zum vorherigen Typus gesagt wurde, auch hier. Möglicherweise wurde nur die Entwicklung über einen längeren Zeitraum nicht wahrgenommen und hat sich daher gravierender ausgewirkt, vielleicht hat auch eine Organisationsveränderung Enttäuschung, Frustration oder Verunsicherung ausgelöst.

Ein häufiger Grund bei langjährigen Mitarbeitern kann auch der Eintritt der Sättigungsphase im Lebensarbeitszyklus sein, da fehlt dann der Ansporn durch Neues, alles scheint Routine. Oder im Leben dieses Menschen gibt es irgendeine Krise. Sie wissen den Grund nicht! Erforschen ist angesagt, einfühlsames Zuhören, Zurechtrücken und Informieren, wenn es um die Organisation geht, vielleicht die Suche nach individuellen Lösungen. Gerade wenn Sättigung sich als Grund herausstellt, haben Sie oft den idealen Partner für die Einarbeitung neuer Mitarbeiterinnen vor sich. Diese Aufgabe kann neuer Ansporn sein, sichert den Wissenstransfer gerade des Organisationswissens und fordert den Mitarbeiter dazu heraus, sich fachlich auf den neuesten Stand zu bringen.

Manchmal ist es bei diesem Mitarbeiterinnentypus allerdings auch aufgrund einer Kränkung zu einem Bruch des Psychologischen Arbeitsvertrags gekommen. Der Psychologische Arbeitsvertrag ist ein meist unausgesprochenes Empfinden über das Verhältnis von Geben und Nehmen. Bei einem Bruch werden viele Faktoren des Nehmens ausgeblendet oder als wenig bedeutsam wahrgenommen (Arbeitsplatzsicherheit, regelmäßige Bezahlung, gute Ausstattung, freiwillige betriebliche Sozialleistungen etc.), die eigene Leistung, das Geben, wird dagegen eher zu hoch eingeschätzt und in jedem Detail wahrgenommen. Daraus resultiert ein empfundenes Ungleichgewicht, das einen verminderten Arbeitseinsatz in den Augen des Mitarbeiters gerechtfertigt erscheinen lässt (siehe „Der Psychologische Arbeitsvertrag", Kapitel 3.6.3).

Bereiten Sie den Einstieg anhand des Gesprächsleitfadens „Erkundungsgespräch" vor, sammeln Sie zusätzliche Sichtweisen des Mitarbeiters. Lässt dieses Gespräch den Schluss zu, dass tatsächlich ein gestörter Psychologischer Arbeitsvertrag vorliegt, holen Sie sich Anregungen vom Gesprächsleitfaden „Stabilisierungsgespräch".

4. „Kann noch nicht! Will gerne!" – das Fördergespräch

→ Ziel des Gesprächs: Klärung des Entwicklungsstands, der gegenseitigen Erwartungen und des Entwicklungsbedarfs

Dieser Typus findet sich meist bei neuen Mitarbeitern, die erst eingeschult werden müssen, dabei aber schon ungeduldig in den Startlöchern scharren.

Die Verlockung besteht oft darin, bei ohnehin dünner Personaldecke dem Ehrgeiz der Mitarbeiterin nachzugeben und sie schon für Aufgaben einzusetzen, für die das „Können" noch nicht reicht. Damit ist die Gefahr des

„Verheizens" gegeben, der Demotivation und frühzeitigen inneren Kündigung Tür und Tor geöffnet. Damit steigt die Wahrscheinlichkeit, dass diese Mitarbeiterin nie wirklich gut wird, sondern bestenfalls Mittelmaß bleibt. Hier muss zukünftiges Potenzial aufgebaut werden!

Das verlangt einen durchdachten Einschulungsplan, einen aufmerksamen Mentor, eine am Fortschritt interessierte Führungskraft. Die Beschäftigung damit kann den Zusatznutzen haben, dass sich das gesamte Team mit der Frage der Wissenssicherung auseinandersetzt.

Hier ist das Mitarbeitergespräch einzig als Auftakt zu sehen, als Instrument zur Klärung der Ziele und zur Ermutigung. Regelmäßige Feedbackgespräche zur Reflexion der Fortschritte müssen folgen. Dabei erscheint es uns enorm wichtig, von Anfang an Erwartungen und Enttäuschungen auszusprechen! Denken Sie daran: Ein klares Feedback ermöglicht es, wünschenswertes Verhalten zu verstärken und unerwünschtes Verhalten im besten Fall zu eliminieren. Außerdem gewinnen Sie dadurch recht bald einen Eindruck vom Commitment der neuen Mitarbeiterin. Und das scheint uns notwendig, um zeitgerecht entscheiden zu können, ob die Chemie stimmt, die Fortschritte wie erwartet eintreten, die Lernbereitschaft hoch ist und eine gewisse Frustrationstoleranz gegeben ist. Machen Sie sich überdurchschnittlich viele Sorgen um die Entwicklung der Mitarbeiterin, warnt die innere Stimme immer wieder, sollten Sie nach einer Reflexion mit der Mentorin auch die Möglichkeit einer Trennung in Betracht ziehen. Denn Einschulungszeiten sind teuer und mühsam, sie sollten jemandem zugutekommen, der eine positive Entwicklung erwarten lässt!

Führungskräfte berichten uns in letzter Zeit vermehrt von Mitarbeitern mit Förderbedarf. Hauptsächlich junge Mitarbeiter, die bald nach der ersten Einschulungsphase, wenn die unbegleitete Arbeitsbewältigung auszuprobieren ist, in Überforderung kommen und zu langen Krankenständen tendieren. Da bemerken wir eine Tendenz in Richtung „Will zwar! Kann nicht mehr!" oder auch in weiterer Folge „Kann nicht! Will nicht!". Das zeigt uns, dass der Übergang zwischen den Typen ein fließender ist. Wir können nur Grundtypologien aufstellen, die manchen Personen allerdings nur unzureichend gerecht werden. Es obliegt Ihrer Führungskunst, das individuelle Profil Ihres Mitarbeiters aus den unterschiedlichen Beschreibungen herauszuarbeiten.

Nun zu einem Mitarbeitertyp, der auch im Lichte der demografischen Entwicklung in Mitteleuropa zahlenmäßig ansteigt.

5. „Kann nicht mehr! Will gerne!" – das Arbeitsbewältigungsgespräch

→ Ziel des Gesprächs: Suche nach individuellen Lösungen

Oft kehren Mitarbeiter, auf die diese Bezeichnung zutrifft, aus längeren Krankenständen oder Karenzzeiten zurück und haben den fachlichen Anschluss verloren. Oder die Fachkompetenz ist zwar in ausreichendem Maß vorhanden, aber die gesundheitliche Beeinträchtigung beschneidet die Leistungsfähigkeit drastisch. Allerdings gibt es dennoch den Willen, die Arbeit zu bewältigen, auch dokumentiert durch Erklärungen, verzagte Anmerkungen, Versuche von Ausgleichshandlungen Kollegen gegenüber. Oft sind das auch Mitarbeiterinnen oder Mitarbeiter, die über lange Jahre zuverlässig und gut ihre Arbeit bewältigt haben, die einst zu den Leistungsträgern gehört haben, aber nun physisch oder psychisch eingebrochen sind.

Hier steht die Suche nach einer individuellen Lösung im Vordergrund, mit Fragen wie: Gibt es im Team einen Platz, an dem dieser Mitarbeiter gut positioniert ist? Gibt es die Möglichkeit, Stunden zu reduzieren?

Entscheidend für die Lösungssuche ist die Frage, ob der beeinträchtigte Zustand als dauerhaft oder als vorübergehend einzustufen ist. Ist in absehbarer Zeit wieder eine Verbesserung zu erwarten, so ist es wichtig, alle Ausnahmevereinbarungen zeitlich zu begrenzen! Möglicherweise ist zwei Monate später eine andere Lösungsvariante wesentlich zielführender. In unseren Augen ist vor einer allzu schnellen Einstufung als geeigneter Mitarbeiter für einen geschützten Arbeitsplatz nach dem Behindertengesetz (begünstigt behinderte Menschen) abzuraten. Das stigmatisiert Mitarbeiterinnen und lenkt den Fokus stärker auf die Beeinträchtigung als auf die Gesundheitsressourcen. Möglicherweise muss bei der Lösungssuche über das Team hinaus in die Gesamtorganisation geschaut werden, müssen auch Arbeitsmediziner und Arbeitspsychologeneinbezogen werden.

Was auch immer als – oft vorübergehende und zeitlich klar begrenzte – Lösung vereinbart wird, informieren Sie auch das restliche Team! Die Sorgen und Nöte des betroffenen Mitarbeiters brauchen dazu nicht in aller Detailliertheit ausgebreitet werden, da gilt das Recht auf Diskretion, doch eine plausible Erklärung steht dem Team zu, wenn es Zusatzarbeit auf sich nehmen soll. Einigen Sie sich mit dem betroffenen Mitarbeiter auf eine gemeinsame Sprachregelung. Der Gesprächsleitfaden „Arbeitsbewältigungsgespräch" kann für dieses Gespräch Anregungen geben.

Und nun zu einem Mitarbeitertyp, der Ihnen wahrscheinlich trotz seines seltenen Vorkommens am meisten Energie abverlangt, mit dem Sie sich tendenziell mehr beschäftigen als mit all Ihren Leistungsträgern.

6. „Kann nicht! Will nicht!" – das Regulierungsgespräch

→ Ziel des Gesprächs: Korrektur des Verhaltens

Diese Mitarbeiter richten ihre Aufmerksamkeit vorrangig auf ihre individuellen Bedürfnisse bei gleichzeitiger Ausblendung von arbeitsbedingten Erfordernissen. Es liegt jedenfalls ein gebrochener Psychologischer Arbeitsvertrag vor – im Unterschied zu „Kann nicht mehr! Will gerne!"

Oft werden solche Mitarbeiterinnen als schwierige Menschen wahrgenommen, die man auch als Führungskraft lieber in Ruhe lässt. So kommt es in der Entwicklungsgeschichte dieser Mitarbeiter oft dazu, dass sich die Führungskraft nicht um die fachliche Ausbildung, eine angemessene Forderung und Förderung im Hinblick auf das „Können" kümmert, die Integration ins Team außer Acht lässt und eher darauf schaut, die Person mit einer Sonderstellung ruhigzustellen.

Dieses Szenario soll darauf hinweisen, dass Mitarbeiterinnen nicht als „Kann nicht! Will nicht!" in die Arbeitswelt kommen, sondern dass es ihnen durch unangemessenes Führungsverhalten ermöglicht wird, so zu werden. Natürlich gibt es auch andere Entstehungsgeschichten als die oben genannte. Etwa Mitarbeiter, die nach einer Organisationsveränderung keinen eindeutig zugeordneten Platz mehr hatten und in ihrem Frust unbemerkt blieben, Mitarbeiterinnen, die nach längerer Abwesenheit den fachlichen Anschluss verloren hatten und um deren Reintegration sich niemand gekümmert hatte. Was auch immer dazu beigetragen hat, die Situation in der Gegenwart ist schwierig, sie verlangt – vor allem in Zeiten dünner Personaldecken – konsequentes Handeln und eine hohe Frustrationstoleranz der Führungskraft.

Die wichtigste Frage, die im Hinblick auf „Kann nicht! Will nicht!" beantwortet werden muss: Lohnt sich die Anstrengung, gegenzusteuern? Die

Arbeitsleistung wird zumeist gebraucht, daher muss irgendwer ausgleichen, was dieser Mitarbeiter nicht bringt. Was das an Auswirkungen zeitigen kann, wurde bereits beim Typus „Kann gut! Will zu viel!" dargestellt. In Konsequenz wird die Teambalance durch langfristige und stabile Missverhältnisse empfindlich gestört. Zudem ist die Situation auch für den Betroffenen selbst ungesund. Es ist in dieser Arbeitssituation nicht möglich, Arbeitszufriedenheit und Sinnhaftigkeit zu erleben. Gerade das sind aber bedeutende Gesundheitsfaktoren.

Was kann ein Gespräch also bewirken? Das geschilderte Verhalten ist jedenfalls zu korrigieren! Sie als Führungskraft müssen unmissverständliche Grenzen setzen und klare Konsequenzen bei Nichtbeachtung ankündigen. Und auch einhalten! Das bedeutet gerade in Organisationen des Öffentlichen Dienstes sehr oft das Beschreiten eines mühsamen Weges mit unsicherem Ausgang. Allerdings mögen Sie das als Preis für die Mittäterschaft bei der Entstehungsgeschichte sehen. Waren Sie daran nicht mitbeteiligt, sondern haben diesen Mitarbeiter so in Ihr Team bekommen, sind die Chancen auf positive Veränderung ohnehin größer, so Sie die Gunst der ersten Zeit nutzen. Da mag das Sprichwort „Neue Besen kehren gut" durchaus passend sein!

Informieren Sie sich im Vorfeld sehr genau über die disziplinarrechtlichen Möglichkeiten, sondieren Sie, ob Sie mit der Unterstützung von Personalabteilung und Vorgesetzten rechnen können, und treffen Sie verbindliche Vereinbarungen mit dem Betriebsrat! Legen Sie sich ein realistisches Eskalationsszenario zurecht und beginnen Sie bei den angekündigten Konsequenzen mit den gelindesten Mitteln. Sonst ist Ihr Handlungsspielraum sehr bald ausgeschöpft!

Lassen Sie sich beim Mitarbeitergespräch vom Leitfaden „Korrekturgespräch" anregen!

Sie haben nun pro Mitarbeiter eine Hypothese, mit welchem Gesprächsansatz Sie ins Gesunde Gespräch starten wollen. Sie wissen nicht, wie sich das Gespräch tatsächlich entwickeln wird, denn Sie kennen die Sichtweise der diversen Mitarbeiterinnen noch nicht, sie können höchstens einschätzen, was Sie während des Gesprächs Neues erfahren werden und wie sich das auf Ihre Ausgangshypothese auswirken wird. Möglicherweise wird sie bestätigt, vielleicht müssen Sie sie aber auch verwerfen und Ihre Vorgangsweise während des Gesprächs ändern.

5.3.5. Durchführung des Gesprächs

Der nächste Schritt ist nun, eine angesichts Ihrer Teamdiagnostik sinnvolle Reihenfolge für die Gesunden Gespräche festzulegen. Wir schlagen Ihnen als Leitkriterium dafür die Erhaltung des vorhandenen Potenzials im Team vor. Planen Sie für den Anfang zwei, drei Anerkennungsgespräche mit wichtigen Leistungsträgern. Das erweitert Ihren Blick um die Sichtweisen Ihrer besten Mitarbeiter und macht Sie damit auch flexibler in den nachfolgenden Gesprächen.

Schauen Sie nun, wer von Ihren Leistungsträgern zu „Kann gut! Will zu viel!" tendiert oder auch „Kann gut! Will gerne! – mit sinkender Motivation". Bei beiden Erscheinungsformen würde der Potenzialverlust besonders schmerzen. Streuen Sie für die eigene Psychohygiene immer wieder Gespräche mit Leistungsträgern ein!

Gehen Sie in dieser Logik weiter vor, den Schluss bilden jene Mitarbeiterinnen und Mitarbeiter, bei denen Sie am wenigsten Hoffnung auf Entwicklung haben. Machen Sie sich aber auch da bewusst, dass diese Einschätzung nur eine Hypothese ist, und seien Sie bereit, sich überraschen zu lassen!

Nun noch ein paar Überlegungen zum Gesprächssetting.

Nehmen Sie sich für das Gespräch selbst unbedingt wenigstens eine Stunde Zeit, in der Sie Ungestörtheit garantieren können. Idealerweise reservieren Sie sich eineinhalb Stunden, sodass Sie nach dem Gespräch noch genug Zeit für die Dokumentation haben.

Bereiten Sie alle relevanten Unterlagen vor, um die Fakten gemeinsam prüfen zu können, falls sich das im Gespräch als wichtig erweisen sollte. Bewährt hat sich, zusätzlich zu Ihrer Einschätzung im Raster des Gesunden Führens ein leeres Einschätzungsblatt für die Mitarbeiterin bereitzuhaben. Wenn geklärt ist, nach welchen Kriterien die Einschätzung erfolgt, Sie klargemacht haben, worauf Sie achten, können Sie den Mitarbeiter um eine Selbsteinschätzung bitten. Damit haben Sie eine wunderbare Grundlage, um über Unterschiede und Ähnlichkeiten zu reden und zu einem gemeinsamen Ziel für Weiterentwicklung zu kommen.

Stellen Sie sich auf den Gesprächspartner ein! Schauen Sie sich Ihre Unterlagen noch einmal durch, um auf dem aktuellen Stand zu sein und gut einleiten zu können.

Wo sollte das Gespräch stattfinden? Wählen Sie jedenfalls einen Platz, an dem Sie sich ungestört und ohne weitere Zuhörer austauschen können, etwa den Besprechungsraum als neutralen Ort, und achten Sie auf die Sitzordnung: Positionieren Sie sich besser „um die Ecke“, nicht direkt gegenüber. Denken Sie außerdem daran, das Telefon umzustellen und Wasser bereitzustellen. Dann sollte einem konzentrierten Gespräch nichts mehr im Weg stehen!

5.4. Spezialfall: Wenn Führungskräfte Führungskräfte führen

Für Führungskräfte macht es einen Unterschied, ob sie Mitarbeiterinnen und Mitarbeiter führen, die für Kernaufgaben zuständig sind, oder ob sie Kollegen führen, die ebenfalls für das Steuern der Prozesse und Menschenführung verantwortlich zeichnen. Daher wollen wir noch einen konzentrierten Blick auf diesen „Spezialfall“ im Rahmen der Gesunden Gespräche werfen und deren Besonderheiten herausarbeiten.

Beschäftigt man sich mit dieser speziellen Führungsthematik, stößt man auf Aussagen wie „Führungskräfte führen – die unterschätzte Herausforderung“ (Die Zeit) oder „ein untererforschtes Thema“ (Elisabeth von Hornstein, Professorin für Personal- und Changemanagement an der Fachhochschule für angewandtes Management, Erding). Diese geben einen Hinweis darauf, wie wenig Aufmerksamkeit in Unternehmen der Tatsache gewidmet wird, dass auch Führungskräfte ein förderliches Umfeld brauchen, um ihre Aufgaben gut bewältigen zu können, und dass die übergeordneten Führungskräfte immer relevante Umweltfaktoren für ihre Mitarbeiter darstellen. Es lohnt sich daher, einen genauen Blick darauf zu werfen, was übergeordnete Ebenen leisten sollten, um gute Führungsarbeit darunter zu ermöglichen. Das meiste des bisher Ausgeführten gilt natürlich für Führung auf allen Ebenen! Im Folgenden möchten wir auf die Unterschiede schauen, die einen Unterschied machen.

Betrachten wir zunächst das Mittlere Management: Führungskräfte dieser Ebene sind durch die Mittlerfunktion zwischen legitimen Ansprüchen der Organisation und den legitimen Ansprüchen von Mitarbeiterinnen und Mitarbeitern sehr gefordert. Diese „Sandwichposition“ ist in jeder Organisation eine einzigartige Herausforderung, denn von Mitarbeitern kann nicht selbstverständlich erwartet werden, dass sie in strategischen Zielen denken und die Grundzüge der Steuerung im Bewusstsein haben, von Führungskräften schon. Das macht den großen Unterschied zwischen der Führung von Basismitarbeitern und der Führung von Führungskräften aus! Werden Führungskräfte der mittleren Ebene mit der Herausforderung, diese Sandwichposition auszubalancieren, allein gelassen, beobachten wir in der Praxis oft den destruktiven Lösungsweg, sich ganz auf die Seite der Mitarbeiterinnen zu schlagen und eher die Position eines Betriebsrats einzunehmen als die einer Führungskraft. In einem solchen Fall sind Führungskräfte oft das Sprachrohr für den Unmut und den Widerstand gegen Neuerungen, die aus dem Team ohne Kenntnis der strategischen Notwendigkeit kommen. Das verhindert langfristig allerdings genauso Mitarbeiterzufriedenheit wie die Überforderungsvariante, sich ganz auf die Seite der Organisation zu schlagen, sich in direktiver Weise auf die Befehlsausgabe zu beschränken und ansonsten in der Tagesarbeit zu verschwinden, die immerhin ein gewisses Maß an Sicherheit bietet. Sind solche Phänomene beobachtbar, ist die übergeordnete Führungskraft gut beraten, in Selbstreflexion zu gehen.

Die Checkfragen zu den Führungskompetenzen (siehe Kapitel 4.3.1.) mögen auch für Führungskräfte der oberen Ebenen der Selbstreflexion dienen, gleichzeitig sind sie aber auch generell Einschätzungsfragen für das Führungs-Können von Führungskräften. So kann eine hohe fachliche Entwicklung einer Führungskraft im Mittleren Management sogar ein Hinderungsgrund für gute Führung sein, nämlich dann, wenn sie Delegation verhindert, die Führungskraft von Fachaufgaben mehr begeistert ist als davon, das Fachwissen bei Anleitung und Beratung von Mitarbeitern zum Einsatz zu bringen. Die Herausforderung in der Einschätzung von Führungskräften ist daher, das Fachwissen in Bezug auf die Kernaufgaben in Beziehung zur Führungskompetenz zu setzen. Und das muss dann auch Thema im Mitarbeitergespräch sein! Wie viel Handlungs- und Entscheidungsspielraum gibt die geführte Führungskraft dem Team und den einzelnen Mitarbeitern? Wie gut nutzt sie die eigene Fachkompetenz für Fachcoaching? Wieviel Handlungsspielraum und Entscheidungsfreiraum bekommt diese Führungskraft von der für sie zuständigen Führungskraft? Da beobachten wir in den von uns begleiteten Organisationen häufig, wie sehr sich Haltungen und Führungskräfte-Können von ganz oben nach unten ähneln. Herrscht im Management die Haltung vor, dass die Ausübung von Druck, Befehlsausgabe ohne notwendige Hintergrundinformation und strenge Kontrolle wirksame Führungsinstrumente seien, ist es in nachgereihten Ebenen fast unmöglich, eine ähnliche Kultur zu vermeiden! Konstruktives Ausbalancieren der unterschiedlichen, auch konfliktträchtigen Anforderungen an Führung braucht immer Auseinandersetzung und Information über Strategie, um sie mittragen zu können, Handlungsfreiraum, um die Anpassungsleistung in der nächsten Ebene hinkriegen zu können, und Feedback und soziale Unterstützung von Führungskräften und Kollegen auf gleicher Ebene, um über sich reflektieren zu können, sowie selbstverständlich auch das Feedback der Mitarbeiterinnen, um nachvollziehen zu können, was angekommen ist.

Auch für Führungskräfte der oberen Ebenen lohnt es, wenn sie sich einen Überblick über das Team verschaffen, das sie führen. Wir haben bereits darauf hingewiesen, wie unterstützend es sein kann, im Team von Gleichgestellten Intervision und Unterstützung in der Lösungssuche für schwierige Führungssituationen zu finden. Hierbei kommt es aber ganz darauf an, ob es eine entsprechende Teamkultur im Führungsteam gibt. Und das hängt in hohem Maß davon ab, wie die Führungskräfte geführt werden. Werden sie einbezogen, gibt es Zeiten für gemeinsames Planen, wo die Auswirkungen der Veränderungen auf die Kernprozesse reflektiert werden, wo auf die emotionale Ebene von Veränderungen eingegangen wird? Oder heizt die Führungskraft hauptsächlich Konkurrenz an, indem nur Zahlen verglichen werden, in der Gruppe gelobt und getadelt wird und Absprachen vorwiegend unter vier Augen stattfinden?

Die Kernfrage für Führungskräfte, die Führungskräfte führen, lautet: Wie kann ich gute Führung ermöglichen? Was kann ich dazu beitragen, dass in der nächsten Ebene Führung gelingt? Damit sind wir auch beim Thema Sozialkapital und dessen Bedeutung für eine gedeihliche Entwicklung in Unternehmen (siehe auch Kapitel 2.3.).

Zur Selbstreflexionsfähigkeit von Führungskräften sagt Elisabeth von Hornstein, die in ihrer Funktion als Professorin an der Fachhochschule für angewandtes Management Erding das Thema beforscht, in einem Interview:

„Nicht selten sträuben sich insbesondere Manager der Top-Führungsebene dagegen, an Schulungen und Feedback-Gesprächen teilzunehmen, aus dem Irrglauben heraus, dass sie bereits alle nötigen Kompetenzen mitbringen. Ich nenne dies gerne ‚des Kaisers neue Kleider Phänomen'. Eigentlich sind sie ‚nackt', sprich, ihnen fehlen die geforderten Führungsfähigkeiten, weil sie schlicht nicht darin geschult wurden. Jedoch traut sich keiner, ihnen das offen zu sagen. Auch sie selbst wollen es sich nicht eingestehen."[3]

Diese Aussage gibt einen klaren Hinweis darauf, wie wichtig es ist, in Führungsentwicklungsprogramme alle Ebenen der Führung bis hin zum Management einzubeziehen und dort sowohl Formen des kollegialen Austauschs auf gleicher Hierarchieebene zu schaffen, um der Einsamkeit des Führens und seiner destruktiven Auswirkungen beikommen zu können, als auch den hierarchieübergreifenden Führungsdialog zu fördern und so bewusst das Sozialkapital weiterzuentwickeln.

5.4.1. Wie gehen Führungskräfte mit Belastungen um?

Der Stressreport 2013, der in Deutschland die Belastungsfaktoren für Mitarbeiterinnen und Mitarbeiter umfassend untersucht hat, trifft einige relevante Aussagen darüber, was Führungskräfte brauchen, um gesund und leistungsfähig zu bleiben, und wie wichtig die oberen Führungsebenen als relevante Umgebungsbildner auch für die Gesundheit von Mitarbeitern und Führungskräften sind. Dass das nicht nur ein altruistisches Anliegen ist, sondern dem Unternehmen in Form von Leistungsfähigkeit zugutekommt, meinen wir schon ausführlich belegt zu haben. Auch der Stressreport kommt zu dem Schluss, dass jene Führungskräfte, die genug soziale Unterstützung und ausreichend Zeit und Ruhe für Führungstätigkeit bekommen, es gut schaffen, ihrer umfassenden Aufgabe gerecht zu werden.

Eine weitere Aussage, die dem Stressreport entnommen ist, weist auf die Bedeutung von gesundheitsförderlicher Führung von Führungskräften für das Unternehmen hin: „Es gibt jedoch Hinweise auf einen Zusammenhang

---

3 Interview: Warum die Führung von Führungskräften anspruchsvoller ist, unter http://www.haufe.de/personal/hr-management/interview-warum-die-fuehrung-von-fuehrungskraeften-anspruchsvoller_80_69132.html.

zwischen zunehmender Führungsspanne, daraus resultierender Zunahme der reinen Führungsarbeit neben der fachlichen und somit auch Steigerung der spezifischen psychischen Anforderungen."

Nach wie vor liegt aber der Prozentsatz der Hilfe und Unterstützung vonseiten des direkten Vorgesetzten hinter den anderen Aspekten der sozialen Unterstützung zurück. Nicht einmal 60 Prozent der befragten Führungskräfte erfahren regelmäßig Unterstützung von Chef oder Chefin. Allgemeine soziale Unterstützung scheinen Personen mit Personalverantwortung etwas häufiger zu bekommen als abhängig Beschäftigte ohne Führungsaufgaben. Allerdings ist die Hilfe und Unterstützung von ihren eigenen Vorgesetzten etwas geringer ausgeprägt.

Unterstützendes und mitarbeiterorientiertes Vorgesetztenverhalten ist ein Thema mit großer Gesundheitsrelevanz und sollte daher in Unternehmen stärkere Verbreitung finden. Zukünftige Arbeiten sollten sich weiterhin der Klärung der individuellen und betrieblichen Voraussetzungen widmen, damit für Menschen mit Personalverantwortung die (Weiter-)Entwicklung und Anwendung ihrer gesundheitsbezogenen Führungsfähigkeiten optimal möglich ist.

Wenn Anforderungen und Ressourcenverteilung in Beziehung zu Gesundheitsdaten gesetzt werden, gilt für die Gruppe von Führungskräften im Mitarbeiterstatus: Die Anforderungen wachsen mit zunehmender Führungsspanne. Die drei am häufigsten genannten Anforderungen sind:

- Störungen und Unterbrechungen bei der Arbeit
- Starker Termin- und Leistungsdruck
- Gleichzeitige Betreuung verschiedenartiger Aufgaben

Eine Kombination dieser drei Anforderungsarten wird von 34 Prozent der Führungskräfte angegeben, wohingegen dies auf 19 Prozent der Erwerbstätigen ohne Führungsaufgabe zutrifft.

Weitere Ergebnisse des Stressreports 2013:

- Ressourcen bzw. insbesondere die Handlungsspielräume sind bei Führungskräften deutlich größer als bei Mitarbeitern ohne Führungsverantwortung.
- Bei der Ressource „Soziale Unterstützung durch Mitarbeiter und Vorgesetzte" (hier beispielhaft dargestellt die „Hilfe/Unterstützung durch

direkten Vorgesetzten") sind keine Unterschiede zwischen Personen mit und ohne Führungsverantwortung zu verzeichnen.

- Die Anforderungen an Führungskräfte gehen trotz größerer Handlungsspielräume häufig mit Beeinträchtigungen einher. Die Variable „Besonders häufiger starker Termin- und Leistungsdruck" korreliert mit der Anzahl gesundheitlicher Beschwerden.
- Ein verstärkter Effekt zeigt sich bei einer Kombination aus mehreren Anforderungsarten. 27 Prozent der Führungskräfte, die häufig mit „starkem Termin- und Leistungsdruck", Störungen und Unterbrechungen sowie „gleichzeitiger Betreuung verschiedenartiger Aufgaben" konfrontiert sind, geben acht oder mehr Gesundheitsbeschwerden an. Handlungsbedarf ergibt sich aus der Tatsache, dass etwa ein Drittel der Führungskräfte diese Anforderungskombination aufweist.
- Da es einen Zusammenhang zwischen Arbeits- und Gesundheitssituation von Führungskräften und deren Führungsverhalten gibt (Wilde et al., 2009b), sollte einer zu hohen Belastung der Führungskräfte durch Termin- und Leistungsdruck sowie Störungen und Unterbrechungen gezielt entgegenwirkt werden. Dies ist sowohl im Interesse der Förderung der Mitarbeitergesundheit als auch im Hinblick auf die Gesunderhaltung der Führungskräfte von großer Bedeutung.
- Führungskräfte, die selbst Unterstützung erhalten und über genügend zeitliche Kapazitäten verfügen, sind eher in der Lage, optimale Unterstützung der Mitarbeiter zu gewährleisten.

Die Autoren des Stressreports kommen daher zum Fazit: Eine verstärkte Beachtung der Arbeitsbedingungen von Führungskräften seitens der Unternehmensführung ist unabdingbar. Dazu gehören auch die gesundheitsförderliche Führung von Führungskräften und – weiter gedacht – die Etablierung einer hierarchieübergreifenden gesundheits- und produktivitätsförderlichen Führungskultur. Dazu scheint es uns notwendig, den Dialog hierarchieübergreifend zu suchen und die Antworten auf die Fragen nach unterstützenden und störenden Faktoren aus dem Anerkennungsgespräch auch ernst zu nehmen.

5.4.2. Führen in Zeiten der Veränderung

Nun legen wir den Fokus auf ein Thema, das in allen Organisationen zunehmend an Bedeutung gewinnt. So gibt es Zeiten, in denen die empfindlichen Themen der Führung wie unter dem Brennglas erscheinen. Das sind jene Perioden, in denen Wandel passiert.

Veränderungen bringen immer mit sich, dass sich Gewissheiten auflösen und die zuvor vielleicht gerade wieder errungene Stabilität gestört wird. Wandel, ohne infrage stellen zu wollen, dass er immer wieder große Berechtigung haben mag, ist für alle Beteiligten anstrengend. Je weniger Einblick in strategische Ziele und je weniger Mitgestaltungsmöglichkeiten jemand hat, umso belastender ist er. Warum das so ist, erklärt ein Stück weit das „Modell der Einflussbereiche“: Wenn mein eigener Handlungsspielraum aufgrund von Informationsmangel nicht einschätzbar ist, erscheint allzu vieles „Rot“ und das Gefühl der Hilflosigkeit steigt. Hilflosigkeit erzeugt Stress, Stress verhindert Gelassenheit und breite Lösungssuche. Wird Hilflosigkeit zum Dauergefühl, schalten Mitarbeiter ab und ziehen sich aus der Mitverantwortung zurück. So könnte man einen Teufelskreis zusammenfassen, der in Veränderungszeiten in vielen Organisationen beobachtbar wird.

Führungskräfte der mittleren Ebene sind dabei besonderen Belastungen ausgesetzt. Sie sollen gleichzeitig den Change vorantreiben und für gute Ergebnisse in der täglichen Arbeit sorgen, denn den Kunden ist es egal, ob da gerade verändert wird oder nicht, die wollen die gewohnte Leistung!

Den Change vorantreiben bedeutet, sich mit den Fragen, dem Unmut, oft auch dem Widerstand der Mitarbeiter auseinanderzusetzen und gleichzeitig, ihn auszuhalten, die Mitarbeiter zu ermutigen, ruhig zu bleiben, wenn so manches nicht läuft. Das setzt Informiertheit über strategische Absichten voraus, benötigt oft aber auch kluge Beratung dahingehend, wie Mitarbeiterinnen wieder ins Boot geholt werden können, also Zeit für Kommunikation mit der nächsten Ebene. Die ist mit den Gedanken oft aber ganz woanders! Je näher am Management, je weiter weg vom Mitarbeiter an der Basis, umso mehr wird Change als Frage der Planung und der Milestones gesehen, je näher am Tagesgeschäft, umso deutlicher sind die Schwierigkeiten in der Anpassung der Prozesse, die Umsetzung im konkreten Tun und die Notwendigkeit, in der Mitarbeiterführung individuell darauf zu reagieren.

In Zeiten des Change scheint es uns daher umso wichtiger, sich Zeit für Führung zu nehmen. Führungskräfte, die Führungskräfte führen, sind angehalten, erreichbar und unterstützend zu sein, Zeitplanung als gemeinsame Abstimmungsleistung zwischen Notwendigkeit und Möglichkeit zu sehen und vor allem, das, was die Führungskräfte der unteren Ebene sagen, auch zu hören und einzubeziehen.

Anhang: Gesprächsleitfäden und Arbeitsblätter[1]

1.a Das Anerkennungsgespräch

Für Mitarbeiter mit einem aufrechten positiven Psychologischen Arbeitsvertrag, die der Organisation wohlwollend gegenüberstehen. Wenn sie Kritik äußern, ist diese meist konstruktiv. Die Rückmeldungen aus diesen Gesprächen sind für die Organisation und die Führungskräfte als Lern- und Entwicklungschance zu begreifen.

GESPRÄCHSLEITFADEN: „KANN GUT! WILL GERNE!"

Können: hoch / Wollen: hoch

Einsatz: Wenn Aufgaben über einen längeren Zeitraum gut erledigt wurden. Fokus wird auf Positives gerichtet. Wertschätzender, dialogischer Austausch.

Ziel: Erhalt der Arbeitsfähigkeit

Vorbereitung: Objektivieren! Festhalten konkreter Beobachtungen (fachliche, soziale Kompetenz), von Daten und Fakten, Notieren von Stichworten und Formulierungen

Durchführung des Gesprächs

Einstimmung: Deklarieren der Einschätzung (Warum diese Form des Gesprächs?). Bei diesem Gespräch ist die Führungskraft Dialogpartner, der wertschätzend positives Feedback über die Arbeitsleistung und die soziale Kompetenz gibt.

Intention des Gesprächs: Wertschätzende Rückmeldung über unterstützende und fördernde Faktoren; Hinweise über den Umgang mit den Ergebnissen (Anonymität, Form der Rückmeldung)

1 Bei Interesse an einer digitalen Version der Gesprächsleitfäden und Arbeitsblätter wenden Sie sich bitte an office@activity.co.at.

Mögliche Themen

- → Über welche Stärken verfügen Sie aus Ihrer Sicht?
- → Was gefällt Ihnen im Unternehmen/an der Organisation/an der Arbeit?
- → Was gefällt Ihnen am meisten? Worauf sind Sie stolz?
- → Was sind die größten Stärken des Unternehmens/der Organisation aus Ihrer Sicht?
- → Was tut das Unternehmen für die Gesundheit der Mitarbeiter aus Ihrer Sicht?
- → Welche Schwächen haben Sie?
- → Was stört und belastet Sie im Unternehmen/in der Organisation/bei der Arbeit?
- → Wenn Sie an meiner Stelle wären, was würden Sie als Erstes verbessern/verändern?
- → Was noch?
- → Was wünschen Sie sich von mir? Was kann ich zu einer befriedigenden Arbeitssituation beitragen?

Vorsicht! Achten Sie darauf, dass Defizite von weniger Motivierten nicht durch diese Mitarbeiter ausgeglichen werden. Schützen Sie sie vor langfristiger Überforderung, indem Sie auch die Bereiche Stress und Work-Life-Balance einbeziehen. Übertragen Sie schwierige Aufgaben und Projekte auch an andere Mitarbeiterinnen und Mitarbeiter.

1.b Das Anerkennungsgespräch

GESPRÄCHSLEITFADEN: „KANN GUT! WILL GERNE" – LEISTUNGSBEREITSCHAFT SINKEND

Können: hoch / Wollen: (noch) hoch

Einsatz: Prinzipiell passt die Arbeitsleistung. Es gibt jedoch Beobachtungen, die auf eine geringere Motivation als in den letzten Jahren schließen lassen. Ein Leistungsabfall kann folgen, Potenzialverlust droht.

Ziel: Motivation und Engagement wieder herstellen.

Vorbereitung: Objektivieren! Festhalten konkreter Beobachtungen (fachliche, soziale Kompetenz), von Daten und Fakten, Notieren von Stichworten und Formulierungen

Durchführung des Gesprächs

Einstimmung: Machen Sie sich bewusst, dass diese Mitarbeiterin/dieser Mitarbeiter zu den Leistungsträgern der Dienststelle gehört. Aus unbekannten Gründen hat das Feuer der Begeisterung nachgelassen.

- Klären Sie, ob Sie Einfluss auf die Ursache haben, unterstützen können, etwas verändern können oder ob der Auslöser außerhalb Ihres Einflussbereichs liegt (z.B. private Sorgen).
- Sie wollen die vorhandene Motivation stärken. Dazu ist es notwendig, die Wertschätzung für die erbrachte Leistung auf der Basis detaillierter Beobachtungen zu geben und auch die Sorge über die derzeitige Entwicklung kundzutun.
- Sprechen Sie aus, was fehlen würde, wenn Sie diesen Menschen nicht mehr mit seinem Engagement im Team hätten.
- Seien Sie neugierig und offen für das Feedback, das Sie für Ihre Führungsarbeit bekommen oder das Sie als Vertreterin/Vertreter der Organisation bekommen.
- Seien Sie bereit, für privaten Kummer einfühlsame Zuhörerin/einfühlsamer Zuhörer zu sein, halten Sie Adressen und Bedingungen für Beratungsinstitutionen bereit, an die Sie guten Gewissens weitervermitteln können.

Für den Beginn des Gesprächs bzw. zur Überprüfung von Hypothesen kann der Gesprächstyp „Erkundungsgespräch" hilfreich sein. Lassen Sie sich auf den Dialog ein. Die Haltung soll offen, interessiert und konstruktiv sein, hüten Sie sich vor Verteidigung, wenn Kritik kommt, seien Sie neugierig auf die andere Sicht und erläutern Sie bei kritischen Rückmeldungen Ihre Handlungsabsicht.

2. Das Regulierungsgespräch (für „Überengagierte")

Oft behindern die Hochmotivierten die Lern- und Entwicklungschancen der anderen Mitarbeiter. Bei Dysbalance im Team muss die Führungskraft daher rasch agieren.

GESPRÄCHSLEITFADEN: „KANN GUT! WILL ZU VIEL!“

Können: hoch / Wollen: zu hoch

Einsatz: Wenn über einen längeren Zeitraum eine gute Leistung erbracht wird, jedoch die Balance im Team oder die Work-Life-Balance des/r Mitarbeiters/in beeinträchtigt oder gefährdet sind.

Ziel: Leistungsfähigkeit langfristig erhalten. Work-Life-Balance entwickeln.

Vorbereitung: Objektivieren! Festhalten konkreter Beobachtungen, von Daten und Fakten, Notieren von Stichworten und Formulierungen

Folgende Beobachtungskriterien sind von Bedeutung

- → Gibt es Defizite im Team, die stets durch einige wenige ausgeglichen werden?
- → Gibt es Anzeichen von Überforderung?
- → Gibt es „Workaholic“-Tendenzen?
- → Gibt es Anzeichen einer gestörten Work-Life-Balance?
- → ...

Wenn keine der letzten drei Fragen mit ja beantwortet wird und der Mitarbeiter mit einem hohen Maß an Energie und großer Freude an die Arbeit herangeht, dann wechseln Sie zum Gesprächstyp „Anerkennungsgespräch“!

Wichtig: Verleihen Sie der Sorge Ausdruck, dass sie die Arbeitsfähigkeit gefährdet sehen. Gleichzeitig sollten sie mitteilen, dass sich durch das Verhalten der Mitarbeiterin/des Mitarbeiters (Überengagement) unter Umständen andere Teammitglieder weniger beteiligen können und sich dadurch ausgeschlossen fühlen.

Durchführung des Gesprächs

Einstimmung: Deklarieren der Einschätzung (Warum diese Form des Gesprächs?). Bedanken Sie sich für die bisher geleistete Arbeit!

Intention des Gesprächs: Wertschätzende Rückmeldung über unterstützende und fördernde Faktoren; Hinweise über den Umgang mit den Ergebnissen (Anonymität, Form der Rückmeldung)

Mögliche Themen

- → Wie setzen Sie Prioritäten, wenn zu viele Aufgaben gleichzeitig erledigt werden müssen?
- → Woran erkennen Sie, was wichtig ist?
- → Was würde passieren, wenn die Aufgabe X einige Tage später erledigt würde?
- → Woran erkennen Sie, dass etwas gut genug erledigt wurde (wenn 100 Prozent nicht möglich sind)?
- → Wer außer Ihnen könnte noch an den Aufträgen arbeiten?
- → Haben Sie das Gefühl, dass Sie für Ihre Arbeit genug Anerkennung erhalten?
- → Mit wem müssen Sie welche Vereinbarungen treffen, um das neue Verhalten für andere Beteiligte nachvollziehbar zu machen?
- → Woran würden Sie merken, woran würde ich als Führungskraft, woran würde Mitarbeiterin X merken, dass Ihr Arbeitseinsatz und die Arbeitsverteilung im Team ausgeglichener geworden sind (Beobachtungsfaktoren festlegen!)?

3. Fördergespräch

GESPRÄCHSLEITFADEN: „KANN NOCH NICHT! WILL GERNE!“

Können: gering/mittel / Wollen: hoch

Einsatz: Wenn die Arbeitsleistung teilweise nicht entspricht, obwohl Wille und Motivation vorhanden sind

Ziel: Einschulung und fachliche Unterstützung, um die für den Arbeitsplatz notwendigen Fähigkeiten (auch die sozialen) rasch zu erwerben. Erhalten des hohen Engagements.

Mögliche Ursachen: Neue Mitarbeiterin/neuer Mitarbeiter! Die notwendigen Fähigkeiten und Kenntnisse wurden noch nicht erworben oder bedingt durch längere Abwesenheit (Karenz, Sabbatical, Krankheit etc.) konnten erforderliche Entwicklungen nicht mitgemacht werden.

Vorbereitung: Objektivieren! Festhalten konkreter Beobachtungen (fachliche, soziale Kompetenz), von Daten, Fakten; Notieren von Stichworten, Formulierungen; Vorbereiten notwendiger Unterlagen: Stellenbeschreibung, Einschulungsplan.

Folgende Fragen sollten im Vorfeld geklärt werden

- → Woran ist das Engagement/die Motivation der Person zu erkennen?
- → Welche Kompetenzen erfordert der Arbeitsplatz?
- → Welche Fortschritte, Begabungen, Defizite sind zu erkennen?
- → Wie lange ist die Person auf diesem Arbeitsplatz? Gab es Unterbrechungen?
- → Wie ist der fachliche Entwicklungsstand (Fach-, Feld-, Methodenkompetenz)?
- → Wie ist die Einschulung bis jetzt gelaufen? Wurde ein Einschulungsplan erstellt? Falls ja: Inwieweit wurde er eingehalten? Falls nein: Was könnten die Gründe dafür sein?

Durchführung des Gesprächs

Einstimmung: Deklarieren der Einschätzung (Warum diese Form des Gesprächs?). Bedanken Sie sich für Engagement und Einsatzbereitschaft.

Mögliche Themen

- → Was gefällt Ihnen an Ihrer Aufgabe?
- → Wie schätzen Sie Ihre Lernfortschritte ein?
- → Wo sehen Sie sich in einem halben Jahr, in einem Jahr?
- → Was läuft in der Einschulung gut? Wo gibt es Hindernisse?
- → Wie könnten wir Ihre Einschulung noch optimieren?
- → Kennen Sie Ihren Lerntyp? Lernen Sie eher im Ausprobieren oder brauchen Sie zuerst Konzepte und Handbücher?

Vereinbarungen

- → Erstellen eines gezielten Einschulungsplans. Wer kann unterstützen? Ist Mentoring notwendig?
- → Welche Fortbildungsmaßnahmen sind erforderlich, intern oder extern?
- → Wege zu mehr Wissen generieren! (Besuch anderer Bereiche)
- → Konkrete Vereinbarungen fixieren! Welche Erwartungen gibt es?
- → Wie werden Fortschritte evaluiert? Wann und wie oft folgen Feedbackgespräche)

4. Arbeitsbewältigungsgespräch

Bei gesundheitlichen Einschränkungen muss der Schutz der Privatsphäre berücksichtigt werden, ein hohes Maß an Sensibilität ist erforderlich. Da Führungskräfte üblicherweise keine Experten für gesundheitliche Probleme sind (körperliche Beschwerden, Überlastung etc.) empfiehlt es sich, Fachleute aus der Organisation (Betriebsärztin, Betriebspsychologen, Personalentwickler) einzubeziehen.

GESPRÄCHSLEITFADEN: „KANN NICHT MEHR! WILL GERNE!“

Können: gering/mittel / Wollen: hoch

Einsatz: Wenn das Leistungsvermögen aus gesundheitlichen Gründen nicht (mehr) erbracht werden kann, Wissen, Know-how und Engagement aber grundsätzlich vorhanden sind.

Ziel: Individuelle Unterstützung des Mitarbeiters/der Mitarbeiterin im Einklang mit der Teamleistung, etwa durch

- → die stufenweise (Wieder-)Einbindung in den Arbeitsprozess unter Berücksichtigung der faktisch vorhandenen und subjektiv empfundenen Einschränkungen
- → das Finden einer optimalen (Teil-)Arbeit
- → die Begleitung bei einem innerbetrieblichen Umstieg, was die Erkundung persönlicher Ressourcen und unbekannter Qualifikationen miteinschließt.
- → die Begleitung bei einem Ausstieg aus dem Unternehmen (Ausgleiten, Wissenstransfer, rechtliche und soziale Fragen etc.)
- → das Ausloten des Bedarfs an sozialer, organisatorischer oder arbeitsmedizinischer Unterstützung
- → die Erforschung belastender bzw. krank machender Arbeitsbedingungen im Unternehmen.

Durchführung des Gesprächs

Für dieses Gespräch kann es keinen strukturierten Leitfaden geben, denn es handelt sich meist um einen gemeinsamen Such- und Zielfindungsprozess zwischen Führungskraft und Mitarbeiterin/Mitarbeiter, in dem die zukünftige Gestaltung des Arbeitsplatzes definiert wird.

Der Führungskraft müssen jedenfalls neben der sozialen Verantwortung die eigenen (ihr gesetzten) Grenzen klar sein, innerhalb derer sich das Arbeitsverhältnis entwickeln kann.

Zeigen Sie Wertschätzung für das vorhandene Engagement und Empathie für die Beeinträchtigung. Sprechen Sie allerding klar die mangelnde Leistungsfähigkeit an. Wenn Sie Sonderregelungen vereinbaren, machen Sie das transparent und befristen Sie diese zeitlich.

Einige Fragen, die angesprochen werden könnten:

- → Wie ist Ihre Vorstellung von der Erfüllung der Arbeitsaufgabe? Was geht, was trauen Sie sich derzeit nicht zu?
- → Gibt es Aufgaben im Team, die jetzt noch nicht zu Ihrem Anforderungsprofil gehören, die Sie aber besser erfüllen könnten als Ihre aktuellen Aufgaben? Was würden Sie stattdessen abgeben?
- → Was braucht es, damit Sie wieder in Ihre volle Kraft kommen? Wenn das nicht zu erwarten ist, welche Lösungsansätze haben Sie sich schon überlegt?
- → Wenn Sie den Zeitplan bestimmen könnten, wie lange sollte ein bestimmter Zwischenschritt dauern?
- → Was könnte Sie – organisatorisch, emotional etc. – noch unterstützen?
- → Woran werden Sie merken, dass Sie keine Unterstützung mehr benötigen?
- → Wie sieht die Sprachregelung gegenüber dem Team aus? Welche Begründung wird für die Ausnahmeregelung genannt?

Vereinbarungen

Klares weiteres Vorgehen absprechen, auch notwendige Termine mit anderen Stellen in den Plan aufnehmen. Sprachregelung gegenüber dem Team festlegen. Klare zeitliche Abschnitte und Reflexionstermine festlegen.

5. Das Stabilisierungsgespräch

Folgende Grundannahme ist in diesem Zusammenhang hilfreich: Niemand kommt demotiviert auf die Welt. Wenn Mitarbeiter nicht mehr arbeiten wollen, hat das Gründe, die Sie als Führungskraft vorerst nicht kennen!

GESPRÄCHSLEITFADEN: „KANN GUT! WILL (MANCHMAL) NICHT!"

Können: hoch / Wollen: gering

Einsatz: Wenn die Arbeitsleistung nicht entspricht. Es werden Defizite im Bereich Einstellung und Motivation vermutet, meist verbunden mit einem nicht mehr positiv formulierten Psychologischen Arbeitsvertrag. Oft sind vermehrte, nicht immer nachvollziehbare Abwesenheiten die Folge. Im Extremfall kommt es zur so genannten Inneren Kündigung.

Ziel: Engagement und Motivation verbessern. Den Psychologischen Arbeitsvertrag neu und konstruktiv formulieren.

Vorbereitung: Objektivieren! Aufbereiten von Fakten und Daten. Klare Unterscheidung zwischen beobachtbarem Verhalten und Vermutungen. Defizite sachlich, spezifisch und differenziert anführen. Keine Interpretationen. Woran erkennt man, dass die aktuelle Arbeitsleistung nicht den Vereinbarungen, der Arbeitsplatzbeschreibung entspricht (objektiv/subjektiv)? Notieren von Stichworten und Formulierungen, die in der Gesprächssituation unterstützen können. Vorbereitung allfälliger Unterlagen.

Durchführung des Gesprächs

1. Teil: Erkundungsgespräch

- → Deklarieren der Einschätzung (Warum diese Form des Gesprächs?)
- → Auf gute Leistungen in der Vergangenheit Bezug nehmen, das Fachwissen und die Erfahrung wertschätzen, aber dennoch die Defizite klar ansprechen.

Gesprächsablauf nach Rosenberg:
Was ist geschehen? Deklarieren Sie Beobachtungen und Fakten.
Welche Gefühle tauchen dazu auf (auch Assoziationen, Befürchtungen etc.)?
Um welche Bedürfnisse geht es mir in dieser Sache?
Was erwarte ich mir/wünsche ich mir von Ihnen, damit diese Bedürfnisse erfüllt werden?

2. Teil: Fragen zum Psychologischen Arbeitsvertrag

- → Was glauben Sie, was von Ihnen erwartet wird?
- → Wie sehen Sie die Ausgeglichenheit zwischen dem, was die Organisation von Ihnen erwartet, und dem, was Sie von der Organisation bekommen?
- → Folgendes erwarte ich als Ihre Führungskraft von Ihnen: …
- → Was geben Sie, bringen Sie ein? Worauf kann ich mich als Vertreter der Organisation verlassen? Wie zuverlässig, regelmäßig?
- → Worauf können Sie sich verlassen? Was bekommen Sie regelmäßig und zuverlässig (Gehalt, sicheren Arbeitsplatz etc.)?
- → Ich habe das Gefühl, dass sich das, was Sie geben/Ihr Einsatz seit … verändert hat. Was ist der Auslöser dafür? (Aufmerksam zuhören, wahrnehmen!)

→ Was müsste geschehen, dass sich diese Dynamik wieder umdreht? Was brauchen Sie, um wieder voll mitarbeiten zu können?
→ Was brauchen Sie, um in dieser Situation in bestmöglicher Energie zu bleiben, um Ihre Aufgabe so gut wie möglich bewältigen zu können? (Falls eine Krankheit Thema ist, ist eine Sonderlösung auszuarbeiten. Siehe Arbeitsbewältigungsgespräch.)

Vereinbarungen

→ Was können wir bis zum nächsten Gespräch konkret vereinbaren?
→ Was bringen Sie ein? Was bringe ich ein?
→ Wann treffen wir uns das nächste Mal, um die heutige Vereinbarung zu überprüfen?

6. Das Korrekturgespräch

GESPRÄCHSLEITFADEN: „KANN NICHT! WILL NICHT!"

Können: gering / Wollen: gering

Einsatz: Wenn die Arbeitsleistung nicht entspricht. Es gibt Defizite im Können und im Wollen.
Ziel: Wiederherstellung der Arbeitsfähigkeit. Priorität hat die Entwicklung der notwendigen Fachkenntnisse als Basis für das Entstehen von Arbeitsfreude.

Vorbereitung

→ Objektivieren! Festhalten konkreter Beobachtungen (fachliche, soziale Kompetenz), von Daten und Fakten. Klare Unterscheidung zwischen beobachtbarem Verhalten und Vermutungen. Defizite sachlich, spezifisch und differenziert anführen. Keine Interpretationen.
→ Notieren von Stichworten und Formulierungen
→ Vorbereiten notwendiger Unterlagen: Gibt es bereits eine Dokumentation über die geringe Arbeitsleistung?
→ Welche Konsequenzen folgen bei Nichteinhaltung von angestrebten Vereinbarungen? Sichern Sie sich in Bezug auf diese Konsequenzen sorgfältig ab! Unter Umständen ist es notwendig, im Vorfeld mit Ihrer Führungskraft, der Personalchefin, der Personalvertretung/dem Betriebsrat das Aktionsfeld abzustecken und auch ein Eskalationsszenario zu überlegen. Starten Sie immer mit dem gelindesten Mittel, das hält den Gesichtsverlust beim Mitarbeiter klein und ermöglicht Ihnen, länger handlungsfähig zu bleiben.

Folgende Kriterien sind dabei von Bedeutung

- Waren die arbeitsbezogenen Anforderungen bislang klar definiert?
- Was sind die zukünftigen, arbeitsbezogenen Erwartungen?
- Woran erkennen Sie die mangelhafte Leistung? Ist diese tatsächlich ausschließlich von der Person zu verantworten?
- Seit wann beobachten Sie dieses Verhalten? Seit wann sind Sie die zuständige Führungskraft?
- Wurde die Person schon einmal wegen desselben Fehlverhaltens angesprochen?
- Wurden andere Personen wegen derselben Fehlleistung auch angesprochen?
- Wie wird die Person vermutlich reagieren?
- Wie werden Sie die Kritik ansprechen (günstige Rahmenbedingungen schaffen)?
- Was würde passieren, wenn Sie das Korrekturgespräch nicht führen würden?
- Welche Auswirkungen auf das Team hat dieses Verhalten?
- Wie schätzen Sie die Reaktion Ihrer Führungskraft in Bezug auf die mangelnde Leistung ein?

Durchführung des Gesprächs

- Deklarieren der Einschätzung (warum diese Form des Gesprächs)
- Rasch auf problematisches Verhalten eingehen
- Sachverhalt ruhig und sachlich darlegen, Vermutungen als solche kennzeichnen
- Bei der Stellungnahme des Mitarbeiters aktiv und ruhig zuhören, Verständnisfragen stellen
- Leistungsmängel erörtern; Ursachen, Gründe, Auswirkungen, Fehlerbeseitigung erörtern
- Kritik unmissverständlich aussprechen, mögliche Konsequenzen nennen
- Leistungsverbesserung planen; Fokus auf die Kompetenzen richten
- Gespräch beenden, freundliche Verabschiedung

Vereinbarungen

- Dokumentation: Ergebnisse zusammenfassen, unterschreiben lassen.
- Kurze Feedbackschleifen vereinbaren.

Anstelle einer Zusammenfassung

Zwei Bilder von Führung

Führen heißt nicht, als Kapitän auf der Brücke eines Schiffes zu stehen und dieses per Maschinentelegraf (oder Computer) zu steuern. Es bedeutet, auf einem Surfbrett zu stehen oder auch an einem Paragleiter zu hängen, den Elementen ausgeliefert zu sein, sie aber – vorausgesetzt, man versteht und respektiert sie – für sich nützen zu können, um unbeschadet ungefähr dorthin zu kommen, wo man hin will.

Man kann Führung aber auch als professionelle gärtnerische Tätigkeit ansehen. Die Pflanzen folgen ihren eigenen Regelmäßigkeiten und Entwicklungszyklen, der Gärtner kann das Klima nicht steuern. Er kann düngen, gießen, Unkraut jäten, Bäume pflanzen, ausschneiden oder sogar fällen, er kann sich nach Kräften bemühen, er mag sich für seine Arbeit begeistern (manche sprechen mit ihren Pflanzen), seinen Ertrag kann er aber nicht im Voraus berechnen. Er kann und soll auf den Garten persönlich stolz sein, darf aber dessen Zweck nicht aus den Augen verlieren – sei es, wirtschaftlichen Ertrag abzuwerfen, sei es, dem Eigentümer einfach zu gefallen. Er kann schwerlich sagen, ob oder wann er seinen Garten optimal betreut hat, er weiß aber sehr genau, was er auf keinen Fall tun darf, womit er seinem Garten schaden könnte. Er versteht: Grashalme wachsen nicht schneller, wenn man an ihnen zieht. Er hält sich schon dann für einen guten Gärtner, wenn er seine Pflanzen nicht in ihrem Wachstum behindert. Er ist sich auch im Klaren, keine Denkmäler für die Ewigkeit zu errichten, sondern ein lebendes System zu betreuen, das er irgendwann einem anderen übergeben muss, der möglicherweise damit etwas ganz anderes macht.

Eine Ermutigung

Führung ist mit Erwartungen überladen. Führungskräfte bekommen tendenziell mehr aufgeladen, als sie gut tragen können. Wir hoffen, Ihnen sowohl Hintergrundfolien als auch konkrete Werkzeuge und Empfehlungen zur Verfügung gestellt zu haben, um diese Situation erfolgreich bewältigen zu können.

Vor allem aber raten wir Ihnen, sich in Anbetracht der überfrachteten und überambitionierten Erwartungen an Führung vor Überforderung, wie sie manche Unternehmen produzieren, zu schützen. Es genügt, dass man als Führungskraft gut genug ist. Das ist hinreichend anspruchsvoll.

Wenn man seinen Beruf schätzt und sich mit den (auch selbst) gestellten Aufgaben identifiziert und Menschen mag, ist die zentrale Voraussetzung für gute Führung bereits erfüllt.

Wenn man zudem seiner Umgebung, seinen Mitarbeitern und sich selbst mit Aufmerksamkeit begegnet, aus den gemachten Beobachtungen und Erfahrungen überlegte Schlussfolgerungen zieht, nach denen man bewusst handelt, kann man sich selbst, aber auch anderen einzelne Fehler verzeihen. Andere werden das dann auch tun.

Literatur

Abram, J., The Language of Winnicott, Second Edition, London 2007

Antonovsky, A., Salutogenese. Zur Entmystifizierung von Gesundheit, Tübingen 1997

Badura, B. et.al., Sozialkapital. Grundlagen von Gesundheit und Unternehmenserfolg. Berlin/Heidelberg 2013

Bauer, J., Prinzip Menschlichkeit – Warum wir von Natur aus kooperieren, Hamburg 2006

Belbin, R. M., Managementteams, Freiburg 2001

Bion, W., Erfahrungen mit Gruppen und andere Schriften, Stuttgart 1990

Covey, S., Die 7 Wege zur Effektivität, Offenbach 2012

Danziger, Sh., Levav, J., Avnaim-Pesso, L. Extraneous factors in judicial decisions, http://www.ncbi.nlm.nih.gov/pmc/articles/PMC3084045, Abruf 10.6.2011

Doppler, K., Der Change-Manager. Sich selbst und andere verändern, Frankfurt 2011

Dörner, D., Die Logik des Misslingens, Reinbek bei Hamburg 1989

Edmondson, A. C., Teaming to Innovate, San Francisco 2013

Elger, Ch., Friederici, A., Koch, Ch., Luhmann, H., von der Malsburg, Ch., Menzel, R., Monyer, H., Rösler, F., Roth, G., Scheich, H., Singer, W., Manifest zum Stand der Hirnforschung, in: Geist und Gehirn 6/2006, S. 67 ff

Falk, A., Fairness zahlt sich aus, in: Die Zeit 2009, http://www.zeit.de/campus/2009/01/interview-gravitas, Abruf 10.6.2014

Falk, A., Fischbacher, U., A Theory of Reciprocity, in: Games and Economic Behavior 54./2006, S. 293 ff, http://pascal.iseg.utl.pt/~depeco/summer school2007/A%20Falk.pdf, Abruf 10.6.2014

Fehr, E., Gächter, S., Fairness and Retaliation: The Economics of Reciprocity, IEER Working Paper No. 40, 2000, http://papers.ssrn.com/sol3/papers. cfm?abstract_id=229149, Abruf 10.6.2014

Francis, D., Young, D., Mehr Erfolg im Team. Ein Trainingsprogramm mit 46 Übungen zur Verbesserung der Leistungsfähigkeit in Arbeitsgruppen, Hamburg 2007

Franke, A., Broda, M., Psychosomatische Gesundheit, Tübingen 1993

Geißler, H. et.al., Der Anerkennende Erfahrungsaustausch. Frankfurt 2003

Geißler, H. et.al., Faktor Anerkennung. Frankfurt 2007

Graf, A., Lebenszyklusorientierte Personalentwicklung. Bern/Stuttgart/Wien 2002

Gratton, L., How to Do Hybrid Right, in: Harvard Business Review 5/2021, https://hbr.org/2021/05/how-to-do-hybrid-right (16.12.2022)

Gratz, W.: Auswirkungen von Covid-19 in der Arbeitswelt, in: ÖVS News 3/2020, S. 3 ff

Hirschhorn, L., Das primäre Risiko, in: Lohmer, M. (Hrsg.), Psychodynamische Organisationsberatung, Stuttgart 2000, S. 98 ff.

Hornstein, Elisabeth, von: Interview: Warum die Führung von Führungskräften anspruchsvoller ist, 2011, http://www.haufe.de/personal/hr-management/interview-warum-die-fuehrung-von-fuehrungskraeften-anspruchsvoller_80_69132.html, Abruf 16.7.2014

Hüther, G., Bedienungsanleitung für ein menschliches Gehirn, Göttingen 2006

Hüther, G., Biologie der Angst. Wie aus Stress Gefühle werden. Göttingen 2009

Kahneman, D., Schnelles Denken, langsames Denken, München 2011

Kaluza, G., Stressbewältigung, Heidelberg 2004

Kandel, E., Auf der Suche nach dem Gedächtnis. Die Entstehung einer neuen Wissenschaft des Geistes, München 2006

Kaplan-Solms, K., Solms, M., Neuro-Psychoanalyse, Stuttgart 2005

Kernberg, O., Ideologie, Konflikt und Führung: Psychoanalyse von Gruppenprozessen und Persönlichkeitsstruktur, Stuttgart 2000

Königswieser, R., Exner, A., Systemische Intervention, Stuttgart 1998

Ladan, A., Kopfwandler, Frankfurt, 2003

Langbein, K., Skalnik, Ch., Gesundheit aktiv, Wien 2005

Laplanche, J., Pontalis, J., Das Vokabular der Psychoanalyse, Frankfurt 1973

Lewin, K., Feldtheorie in den Sozialwissenschaften, Bern 1963

Lindner, D., Virtuelle Teams und Homeoffice. Empfehlungen zu Technologien, Arbeitsmethoden und Führung, Wiesbaden 2020

Lohmann-Haislah, A., Stressreport Deutschland 2012, Psychische Anforderungen, Ressourcen und Befinden. Dortmund/Berlin/Dresden 2012, http://www.baua.de/de/Publikationen/Fachbeitraege/Gd68.pdf?__blob=publicationFile, Abruf 18.6.2014

Lorenz, R., Salutogenese, München 2004

Luhmann, N., Soziale Systeme. Grundriss einer allgemeinen Theorie, Nachdruck. Frankfurt 2010

Maturana, H., Varela, F., Der Baum der Erkenntnis: Die biologischen Wurzeln des menschlichen Erkennens, München 1990

Mertens, W., Psychoanalytische Erkenntnishaltungen und Interventionen, Stuttgart 2009

Popitz, H., Phänomene der Macht, Tübingen 1992

Raeder, S., Grote, G., Der psychologische Vertrag. Göttingen 2012

Rice, A.K., The Enterprise and its Environment: A System Theory of Management Organisation, reprinted, Oxford 2000

Rosenberg, M. B., Gewaltfreie Kommunikation, Paderborn 2016

Rosenzweig, Ph., The Halo Effect and Eight Other Business Delusions that Deceive Managers, New York 2007

Roth, G., Das Gehirn auf der Couch, Neurobiologie und Psychoanalyse, in: Spitzer, M., Bertram, W. (Hrsg.), Braintertainment, Stuttgart 2007a, S. 121 ff.

Roth, G., Fühlen, Denken, Handeln, Stuttgart 2003

Roth, G., Persönlichkeit, Entscheidung und Verhalten, Stuttgart 2007b

Rüegg, J.C., Gehirn, Psyche und Körper, Stuttgart 2006

Schaarschmidt, U., Fischer, A., Bewältigungsmuster im Beruf, Göttingen 2001

Schuhmacher, T., Wimmer, R., Der Trend zur hierarchiearmen Organisation, in: OrganisationsEntwicklung 2/2019, S. 12 ff

Schulz von Thun, F., Miteinander reden 1: Störungen und Klärungen, Reinbek 2010

Seligman, M., Der Glücks-Faktor. Warum Optimisten länger leben. Ulm 2002

Shortnews.de: http://www.shortnews.de/id/670547/usa-wahlkampfthema-kreationismus-waehler-der-republikaner-glauben-an-schoepfung., Abruf 20.9.2013

Siegrist, U., Luitjens, M., Resilienz, Offenbach, 2012

Sigmund, K., Fehr, E., Nowak, H., Teilen und Helfen. Ursprünge sozialen Verhaltens, in: Spektrum der Wissenschaft 2002, S. 52 ff, http://www.ped.fas.harvard.edu/people/faculty/publications_nowak/TEILENUNDHELFEN_Spektrum_der_Wissenschaft.pdf, Abruf 10.4.2014

Simon, F., Conecta, Radikale Marktwirtschaft:Verhalten als Ware oder wer handelt, der handelt, Heidelberg 2006

Simon, F., Gemeinsam sind wir blöd. Die Intelligenz von Unternehmen, Managern und Märkten, Heidelberg 2004

Simon, F., Einführung in die systemische Organisationstheorie, Heidelberg 2007

Spitzer, M., Lernen: Gehirnforschung und die Schule des Lebens, Heidelberg 2002

Sprenger, R., Vertrauen führt, Frankfurt/New York 2002

Tempel, J., Ilmarinen, J., Arbeitsfähigkeit 2010, Hamburg 2002

Tempel, J., Ilmarinen, J., Arbeitsleben 2025, Hamburg 2013

Voigt, B., Team und Teamentwicklung, in: Zeitschrift für Organisationsentwicklung 3/1993, S. 35 ff

Watzlawick, P., Wie wirklich ist die Wirklichkeit, München 2005

Weber, M., Wirtschaft und Gesellschaft – Grundriss der verstehenden Soziologie, Tübingen 2009

Winkler, B., Hofbauer, H., Das Mitarbeitergespräch als Führungsinstrument, München 2010

Winnicot, D., Reifungsprozesse und fördernde Umwelt. Studien zur Theorie der emotionalen Entwicklung, Gießen 2002

Wirtschaftslexikon Gabler http://wirtschaftslexikon.gabler.de/Definition/fuehrung.html, 12.9.2013

Zak, P., Halunken des Kapitalismus, in: project syndicate 2009, http://www.project-syndicate.org/commentary/capitalism-s-moral-bastards/german, Abruf 10.4.2014

Stichwortverzeichnis